Dessert

디저트

Dessert
디저트

안호기 · 이은준 · 홍금주 · 김지응 · 김동호 · 김원모 지음

(주)교문사

머리말

●●●●우리나라의 급속한 경제 성장과 함께 생활수준이 빠르게 변화하면서 우리의 식생활에서도 많은 발전과 변화를 가져왔습니다. 특히, 국민소득이 증가하면서 식생활에 빠른 변화를 가져왔고 우리 식탁에 올라오는 음식들이 새로운 농업기술과 다양한 가공방법으로 변화하고 있습니다. 이에 발맞추어 디저트 분야에서도 새로운 재료와 제조방법으로 안전한 식품으로 인정받기 위하여 지방이나 염분, 당분들을 조절하여 웰빙시대로 가고 있는 음식문화와 함께 많은 변화를 하고 있습니다. '웰빙'이란 단어가 자리매김하면서 '잘 먹고 잘 사는 법'에 대한 관심이 어느 때보다 높아지고 있습니다. 이러한 트렌드로 인해 건강을 찾는 소비자들의 목소리가 커지고 있는 것입니다.

●●●●이러한 시대 흐름에 발맞추어 현장에서 일하는 조리사, 제과·제빵사, 현재 학교에서 조리학을 배우는 학생들도 실습과 이론을 병행하면서 배워야 시대의 흐름에 뒤지지 않고 따라갈 수 있습니다.

●●●●이 책은 현재 현장에서 일하는 조리사, 제과·제빵사, 학생들을 위하여 이러한 흐름을 쉽게 따라 갈 수 있도록 여러 가지 제품들을 소개하고 그에 맞는 재료와 제법, 실질적으로 제품을

만들어 보고 제품의 특성을 알아봄으로써 보다 쉽게 익힐 수 있도록 도와주고자 하였습니다. 또한 현장에서의 활용도가 높기 때문에 실습, 평가를 통해 더 유능한 기술자로 발전할 수 있을 것입니다.

2010년 3월

저자 일동

차 례

Chapter 3 디저트 실습   38

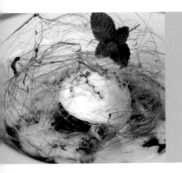

contents

Chapter **1**

디저트
이론

Chapter 1 디저트 이론

1. 디저트의 개념

디저트는 식사가 끝나고 식욕이 충족된 상태에서 마지막으로 식사의 끝맺음을 깔끔하고 향기롭게해주며, 이와 더불어 눈을 즐겁게 해주는 것이다. 우리나라 말로는 '후식(後食)', 즉 식후에 먹는 음식의 집합적인 뜻으로 해석하고 있으며 즐거움을 위해 만들어진 요리의 꽃이라고 할 수 있다.

디저트는 일반적으로 식사 후에 제공되는 요리를 뜻하는데, 단맛(Sweet), 풍미(Savory), 과일(Fruit)의 세 가지 요소가 모두 포함되어야 디저트라고 할 수 있다. 디저트의 단맛을 내는 재료에는 꿀, 설탕, 물엿 등이 있다. 일반적으로 사람들은 단 것을 좋아하며, 그것을 만족시켜 주는 것이 디저트인데 설탕이 보급되지 않았다면 디저트도 오늘날처럼 발달하지 못했을 것이다. 또한 디저트는 풍미가 있어야 한다. 서양에서는 디저트와 치즈 중에서 하나를 선택하여 후식으로 식사를 끝내고 있는 것이 우리나라와는 약간 다른 점이다.

프랑스어의 데세르(Dessert)는 다 먹은 뒤 접시를 내린다는 뜻의 데세르비르(Desservir)에서 유래한 것이고 영어의 디저트는 데세르를 사용하여 영어식 발음으로 읽은 것이다. 그리고 '앙트리메' 라는 불어는 중세부터 쓰인 '요리와 요리 사이' 라는 뜻의 옛말이다. 그 당시 프랑스 궁정 귀족들은 몇 단계를 거치는 긴 시간의 식사를 즐겼고 그 사이 사이에 앙트리메(마술 및 춤 따위)를 보여 줌으로써 식탁의 흥을 돋우었다고 한다. 그러다 차츰 요리와 요리 사이에 나오는 야채, 생선 요리나 단맛이 나는 과자를 가리키는 말이 되었고 지금은 식사 시간이 짧아졌기 때문에 단맛이 나는 과자만을 앙트리메로 일컫는다. 그 후 여러 과정을 거친 후에 달콤한 음식은 식사의

맨 마지막 코스에 제공되는 것이 이상적이라는 생각이 자리 잡음으로써 오늘날과 같은 디저트 문화가 자리 잡게 된 것이다.

2. 디저트의 유래

고대 그리스에서는 소크라테스를 비롯해 철학자와 시인들이 모여 자주 향연(심포지엄)을 열었다. 그들은 긴 의자에 옆으로 누워 호화로운 식사를 하면서 "진리는 물이요.", "아니오, 술이요." 등과 같은 의견을 밤을 세워가며 주고받았다. 그리고 식사 후에는 물을 탄 와인을 마시고 치즈와 말린 무화과나 살구 등을 즐겼다. 중세에 들어서면서 당시 소화를 도와준다고 여겼던 아니스, 콜리앙다, 생강 등 스파이스(양념)에 설탕을 넣고 졸인 것을 식후에 먹으며 입가심하는 것이 유행이 되었는데, 이것이 디저트의 기원이라고 할 수 있다.

디저트란 말은 프랑스 어원인 디저비흐(Desservir)에서 유래된 용어로 '치운다', '정리한다'는 뜻이다. 그 후 디저트란 '식탁 위에 널부러진 빵가루 등을 치운다'는 의미로 바뀌게 되었다. 심지어는 이러한 방법이 발전하여 손님들은 디저트를 먹기 위해서 이미 준비된 다른 방으로 옮기거나 다른 건물로 건너가는 경우도 발생하였다. 그래서 디저트는 식탁을 일단 깨끗이 한 다음에 제공되며, 식사의 마지막을 장식한다.

디저트는 선사시대부터 존재했지만, 그 당시에는 야생꿀과 과일을 기본으로 하여 만든 단맛나는 음식에 불과했다. 고대에는 신을 모시는 봉헌제 때 사용하던 음식으로, 고대 이집트왕 람세스(Ramses) Ⅱ세의 무덤에서 작은 과자 조각이 있는 부조 조각이 발견되기도 했다. BC 327년에는 알렉산더(Alexander) 대왕의 군대가 인도의 한 골짜기에서 사탕무밭을 발견했고 이를 서양으로 가지고 갔으며, 그 후 십자군은 잘 알려지지 않은 과일들을 프랑스에 전했다고 한다. 계피, 육두구, 편도, 개암 등이 바로 그것이다.

16세기에는 스페인에 초콜릿이 전해졌으며 17세기에는 이것이 전 유럽으로 퍼지게 되었다. 그리고 폴란드의 왕인 스타니스산스(Stanislas : 1677~1766)에 의해 프랑스에 바바(Baba)가 소개되었는데, 그는 바바를 시럽에 적셔 천일야화의 주인공 중 하나인 알리바바(Alibaba)라는 이름을 붙였고 이후에 바바가 되었다.

프랑스 디저트가 전 세계에 명성을 떨치게 된 것은 탈레이어드(Talleyrurd)의 요리사인 안토오린 카렌(Antorin Carene : 1784~1833) 때이다. 그는 현대 과자의 선구자로서 껍질이 얇게 벗겨

지는 과자인 페유타지(Feuilletage)를 최초로 만들었다.

오늘날 우리가 알고 있는 훌륭한 디저트들은 19세기가 지나면서부터 자리를 잡게 된 것으로, 디저트는 자연스럽게 그날의 만찬을 마무리하는 최고의 요리로 변화되었다. 또한 파티시에들은 고객들의 기대를 저버리지 않기 위해서 저마다 기발한 아이디어로 디저트를 개발하여 고객들을 만족시키려고 애쓰게 되었다.

3. 현대의 디저트

과거 디저트의 경향은 화려함을 강조하는 것이었으나, 현대의 디저트는 화려함보다는 실용성에 치중하고 있으며, 장식을 한다고 할지라도 접시 내에서 자연스러운 천연의 재료를 사용하여 효과를 내고 있는 것이 특징이다. 특히 설탕과 지방의 함량을 줄이고 간편하면서도 개운한 맛을 낼 수 있는 재료를 선택하는 경향이 두드러지게 나타나고 있다.

이러한 이유는 현대인들의 생활방식과 식생활의 변화, 질병 형태의 다양화 등 여러 사회적 여건이 변화되고 있는데 기인하여, 현대인이 건강에 대한 관심 증가로 인해 균형식이 요구되고 있기 때문이다. 따라서 예전에는 접시나 재료에 많은 장식을 해오던 것에 비하여 현대에는 화려한 접시로 이를 대체하고 과일의 자연색을 살리는 소스(Sauce)와 생과일이 드러나 보일 수 있도록 하는 쿨리(Coulies)형 소스가 주류를 이루고 있다.

디저트의 흐름을 보면 1940년대와 1950년대에는 젤리가 유행하였으며, 1970년대에는 카스테라, 1980년대에는 티라미수, 1990년대 초에는 끈적거리는 푸딩, 그리고 1990년대 말에는 크렘브릴레 등이 유행하였다.

따라서 현대에는 소비자들의 미각적인 효과를 극대화하기 위해서는 소스의 온도를 적절하게 유지하고, 계절감도 나타내 주어야 하며, 입안을 깔끔하게 마무리할 수 있도록 해야 한다. 또한 주 요리에서 부족되기 쉬운 영양소의 균형을 이루려는 노력이 필요한 것이 현대 디저트의 특징이라고 할 수 있다.

4. 디저트의 분류

1) 냉제 디저트

(1) 무스 _ Mousse

무스는 디저트에서 가장 기본이 되는 냉과류로, 디저트의 꽃이라고 할 수 있으며, 다양한 재료와 모든 양식 요리에 접목이 가능하다.

무스란 바바루아가 발전된 것의 프랑스어로 거품이란 뜻을 갖는데, 거품과 같이 부드럽고 혀에 닿으면 녹는 성질을 가진 일종의 냉과를 말한다.

퓌레(과일을 갈아 넣은 것) 상태로 만든 재료에 거품낸 생크림 또는 달걀흰자를 더해 가볍게 부풀린 디저트로 무스 표면에 젤리를 입혀 마르는 것을 방지한다. 무슬린(Mousseline)은 작게 만든 무스를 가리킨다.

무스 만드는 법은 바바루아와 별 차이가 없지만 일반적으로 바바루아보다 더 가벼운 디저트라고 할 수 있다. 무스를 일명 미러(Miroir)라고도 하는데, 그 이유는 무스 표면에 바른 젤리의 광택이 얼굴을 비출 정도이기 때문이다.

- 살구 요구르트 무스 _ Apricort Yogurt Mousse
- 블루베리 크림치즈 무스 _ Blueberry Cream Cheese Mousse
- 캐러멜 무스 _ Caramel Mousse
- 밤 무스 _ Chestnut Mousse
- 커피 무스 _ Coffee Mousse
- 진저 무스 _ Ginger Mousse
- 베일리 아이리시 크림 무스 _ Bailey Irish Cream Mousse
- 망고 무스 _ Mango Mousse
- 밀크 무스 _ Milk Mousse
- 오렌지 무스 _ Orange Cointreau Mousse

(2) 바바루아 _ Bavarois

찬 디저트(Cold Dessert)의 일종인 바바루아는 젤리와 같이 젤라틴을 이용한 것으로 무스, 푸딩과 같이 찬 디저트의 대명사처럼 사용되고 있다. 바바루아는 무스보다 부드러움이 덜하지만, 부드럽고 순한 풍미가 특징이다.

바바루아의 종류로는 달걀과 우유, 설탕으로 만드는 커스터드 크림을 굳힌 것과 생크림과 과일 퓌레를 굳힌 것이 있다. 과일이나 리큐르, 초콜릿, 커피의 독특한 맛을 살린다거나 젤리와 혹은 무스와 결합하는 등 다양한 개발이 가능하므로 차별화된 디저트가 될 수 있다.

- 벌꿀 바바루아 _ Honey Bavarois
- 초콜릿 바바루아 _ Chocolate Bavarois
- 무지개 바바루아 _ Rainbow Bavarois
- 복숭아 바바루아 _ Peach Bavarois
- 커피 바바루아 _ Coffee Bavarois
- 딸기 바바루아 _ Strawberry Bavarois

(3) 푸딩 _ Pudding

푸딩은 흔히 크리스마스 정찬 후 먹었으며, 상당히 오래 두고 먹을 수 있어 영국 사람들은 대개 먹기 3주 전에 만들어 놓기도 한다. 이것은 크리스마스 케이크와 마찬가지로 고기 같은 것을 주재료로 하여 우지, 레몬껍질, 아몬드, 생강, 밀가루 등을 섞은 다음, 이를 돛을 만드는 데 이용되었던 천으로 싸서 소시지 모양으로 만든 후 익혀 만든 것이다.

크리스마스 푸딩의 기원은 17세기인데, 이때는 수프를 걸쭉하게 하기 위해 밀가루와 빵조각을 집어넣었다. 푸딩을 숟가락으로 휘젓기 시작한 것도 그 당시이다. 크리스마스 푸딩을 먹기 전 그 위에 약한 브랜디를 집어넣기도 했는데, 이것은 '크리스마스 캐럴'이라는 찰스 디킨즈의 작품 속에 잘 나타나 있다.

크리스마스 푸딩에 약간의 장식을 넣기 시작한 것은 빅토리아 왕조 때로 고리 모양은 일 년만에 결혼을 할 수 있다는 것을 의미하고, 골무 모양은 여자들이 아직 미혼이라는 것을 의미한다. 또한 단추는 아직 미혼 남자라는 뜻이며, 동전은 부자가 되게 해달라는 것을 의미하는 것이다.

푸딩과 바바루아는 비슷하나 첨가 재료가 다르며 푸딩은 증기에 찐 것, 오븐에 구운 것, 차게 굳힌 것으로 크게 나뉜다.

- 아몬드 푸딩 _ Almond Pudding
- 사과 푸딩 _ Apple Pudding
- 빵 푸딩 _ Bread Pudding
- 초콜릿 푸딩 _ Chocolate Pudding
- 커스터드 푸딩 _ Custard Pudding
- 프랑스 크리스마스 푸딩_ French Christmas Pudding
- 허니 수플레 푸딩 _ Honey Souffle Pudding
- 쌀 푸딩 _ Rice Pudding
- 바닐라 푸딩 _ Vanilla Pudding

(4) 찬 수플레 _ Souffle

수플레는 프랑스어로 '부풀리다' 라는 뜻으로 가장 입맛이 개운하며 풍미를 돋운 소재와 거품을 낸 달걀흰자만으로 만든다. 달걀흰자의 거품이 중요한데, 공기가 스며들어 오븐에서 팽창하여 수플레 전체를 부풀린다. 180℃로 예열 후 측면이 곧은 접시를 준비하고 버터를 바른 후 설탕을 묻혀 둔다. 달걀흰자의 거품은 끝이 곤두설 때까지 빽빽하게 올려 섞는다.

- 커피 아이스 수플레 _ Coffee Ice Souffle
- 오렌지 수플레와 그랜마니아 소스 _ Orange Souffle in Grand-marnier Sauce
- 산딸기 수플레 _ Raspberry Souffle
- 딸기 아이스 수플레 _ Strawberry Ice Souffle

(5) 파이 _ Pie

파이의 어원은 마그파이(Mag Pie), 즉 까치의 속성과 관계가 있다고 한다. 까치는 쓸데없는 잡동사니를 잔뜩 둥지에 물어다 놓는 습성으로 유명한데, 파이 또한 속에 고기, 생선, 각종 채소를 섞어 범벅한 스튜(Stew)형태의 파이를 브리티시 파이(British Pie)라고 한다.

또 다른 유래는 영국 및 프랑스와 관련이 깊다. 그 옛날 영국과 프랑스에서는 신발을 장방형으로 만들어서 신었는데, 파이 모양도 장방형 비슷하게 닮았다 하여 그 당시 신발 이름인 파이와 마찬가지로 반죽을 틀에 채워 구운 것을 파이라 부르기 시작했다.

파이는 파이, 타르트(Tart), 플랑(Flans)으로 나누어진다. 파이는 일정하게 민 반죽을 파이 팬에 채워서 만들고 타르트는 여러 가지 반죽을 사용하며 대개 신선한 과일을 채운다. 플랑은 반죽을 틀에 채우고 달걀, 크림, 채소 등을 넣어 굽는다.

우리나라의 파이는 일본을 통해 전래되었는데, 파이 반죽과 퍼프 패스트리가 따로따로 전래된 것이 특징이다. 우리나라에는 지금도 두 가지가 공존하고 있다.

하나는 파이 반죽이고 다른 하나는 퍼프 패스트리, 즉 층층히 층상 구조를 이루는 바삭바삭한 과자로 일명 푀이타주(나뭇잎을 층층이 쌓은 것 같은 모양) 또는 후리타지(일본식 발음)라고 불리는 것을 말한다.

파이는 껍질이 매우 중요하다. 밀가루는 글루텐 함량이 너무 높거나 낮아서는 안 된다. 글루텐 함량이 높은 밀가루는 물을 빨리 흡수하여 글루텐을 발달시키므로 단단한 제품이 되기 쉽고 박력분은 수분 흡수량과 보유력이 약하기 때문에 죽처럼 끈적거리는 반죽이 만들어진다.

파이는 이러한 반죽에 충전용 마가린을 넣어 밀어 펴 유지의 층으로 부풀리는 디저트로, 파이의 충전물로는 통조림과일, 냉동과일, 생과일, 건조과일 등이 있다.

● 애플 파이 _ Apple Pie   ● 호두 파이 _ Walnut Pie

(6) 타르트 _ Tart

타르트의 발상지는 독일이라고 알려져 있으나 확실하지는 않다. 가장 유력한 일설에 따르면, 독일에서 토르테(스펀지형의 반죽)가 처음 구워진 때는 16세기였다고 한다. 고대 게르만족이 태양의 모양을 본떠서 하지축제 때에 평평한 원형의 과자를 구운 것이 시초였고, 중세가 되자 교회에서 행하는 축제 때마다 타르트류가 등장했다고 한다.

타르트는 비스킷 반죽의 속을 충전물로 채워 만든 과자이며 토르테란 스펀지형의 반죽에 잼이나 크림을 바른 것을 말한다. 스펀지 케이크가 나오기 전에는 비스킷 모양의 타르트를 중심으로 속을 여러 가지 크림이나 잼 또는 과일 등으로 채웠으며 지금도 그 형태에 따라 여러 가지의 타르트로 이름 지어져 있다. 이것이 타르트의 시초라고 할 수 있다.

이 타르트가 19세기에 이르러서 여러 가지의 형태와 맛의 변화를 겪으며 발전하여 오늘에 이르렀고, 타르트는 별 변화 없이 그대로의 형태로 오늘날까지 전해져 폭넓게 이용되고 있다.

특히 프랑스에서 타르트가 많이 만들어졌는데, 반죽으로 파트 쉬크레, 파트 퓌이테 등이 사용되며 과자의 명칭은 사용한 과일의 이름을 따서 붙이는 경향이 많다. 타르트 오 프레즈, 타르트 오 카시스가 그 예이다.

프랑스에서 타르트를 만들 때에는 두 가지 방법을 이용한다. 전자는 반죽을 틀에 깔아 구워내어 과일이나 크림류를 채우고 다시 굽는 방법이고 후자는 틀에 반죽을 깔고 그 상태에서 크림류를 채우고 굽는 방법이다. 소형 타르트를 타르틀레트라고 한다.

- 아몬드 크림 사과 타르트 _ Almond Cream Apple Tart
- 오렌지 타르트와 과일 소스 _ Orange Tart with Fruit Sauce
- 캐러멜 소스와 배 타르트 _ Pear Tart with Caramel Sauce
- 앙글라이즈 소스를 곁들인 배 타르트 _ Pear Tart with Cream Anglaise Sauce

(7) 젤리 _ Jelly

젤리는 연회에서 사보리 요리의 접시 장식용으로 사용하면서 디저트로 발전하였다. 동물의 뼈를 오랜 시간 끓여서 추출한 젤라틴(Gelatine)을 주재료로 다양한 모양의 몰드를 개발하여 그 속에서 굳힌 다음, 테이블 중앙 데코레이션으로 사용하기도 하였다.

이러한 테이블 세팅방법은 파티쉐들의 재능을 뽐내는 방법으로 사용되었으며, 재료를 싱싱하게 보여주는 기법이기도 하였다. 그리고 점차적으로 젤라틴에 단맛에 첨가되기 시작 하였다.

빅토리아(1937~1901) 여왕 시기에 와서는 구리로 된 젤리몰드가 발명되면서 블라망제, 크림, 케이크 등 거의 모든 부분에 몰드로 찍어 낸 모양이 유행처럼 번지기 시작하였다. 1840년경에 가루로 된 젤라틴이 개발되었지만, 냉장고나 아이스박스가 가정에 보급되기 이전까지는 그리 대중화되지 못하였다. 현대와 같은 푸딩의 형태는 지난 몇 세기 정도에 불과하다. 그 이전에는 곡류와 말린 과일 등을 동물의 위에 채워 넣고 육수에 졸여서 내는 사보리에 불과하였다.

젤리는 한천, 젤라틴, 펙틴 등을 끓여 녹여 과일, 리큐르 술, 우유, 과즙을 넣어 굳혀서 만든 것인데 무스와 함께 인기 높은 디저트로서 입에 닿는 감촉이 산뜻하고 상쾌해서 기름진 요리 뒤에 알맞은 디저트이다. 젤리의 강도는 농도, 냉각온도, 시간에 따라 다르고 1~2일은 냉장보관이 가능하지만 맛이 떨어진다.

- 아가 아가 _ Agar-Agar
- 인스턴트 젤로 _ Instant Jello
- 프루트 젤 _ Fruit Gel
- 화이트 와인 젤리 _ White Wine Jelly

(8) 과일 콤포트

너무 익으면 과육이 힘이 없어 풀어지므로 약간 덜 익은 것이 적당하고 크기는 사과의 경우 1/4, 살구의 경우 1/2 정도가 좋다. 부재료로 바닐라, 레몬, 오렌지 같은 것들을 곁들여 맛을 낸다.

- 복숭아 콤포트 _ Peach Compote
- 배 콤포트 _ Pear Compote

2) 온제 디저트

(1) 더운 수플레 _ Hot Souffle

더운 수플레는 으깬 과일이나 크림에 머랭을 넣어 구운 것을 말한다. 수플레는 기포성 반죽을 구워서 2~3배로 부풀린다는 의미에서 붙여진 이름이다. 부풀림은 달걀흰자에 함유되어 있던 공기가 오븐 속에서 열을 받아 팽창하기 때문에 생기는 현상이다. 일단 오븐에서 꺼내면 식어서 곧 부풀림이 사그라지기 때문에 먹기 직전에 만드는 것이 좋다. 또한 수플레는 더운 디저트의 기본이지만 만들기가 어렵기 때문에 꼭 익혀 두어야 한다.

- 오렌지 수플레 _ Orange Hot Souffle
- 바닐라 수플레 _ Vanilla Hot Souffle

(2) 크레이프 수제트 _ Crepe Suzette

크레이프 수제트라는 이름은 옛날 영국의 황태자 에드워드(Edward)가 지은 것이라고 한다. 헨리 카펜터(Henry Carpenter)는 황태자 에드워드의 요리장이었는데 어느 날 황태자의 식사를 준비하던 중 크레이프의 소스를 만들 때 실수하여 리큐르(Liqeur, 과일로 만든 단 술)를 엎질러 소스에 불이 붙음과 동시에 음식을 버리게 되었다.

헨리는 시간도 없고 해서 그냥 그 소스에 크레이프를 집어넣어 황태자에게 제공하였는데, 에

드워드 황태자는 그 진기한 맛에 매우 놀랐으며, 그날 파티에 동석한 수제트 부인의 마음을 사려고 그 부인의 이름을 따서 크레이프 수제트라고 명명하였다.

일본에서 발행된 미식가의 글에서는 크레이프 수제트의 유래를 이렇게 소개하고 있다. 프랑스 부르타뉴 지방의 소박한 과자 크레이프를 고급 디저트로 바꾼 것은 앙리 샤르팡뒤에였다. 19세기 초 그는 모나코의 카페 드 팡리라는 식당에서 요리사로서 일하고 있었다. 어느 날 영국의 황태자가 아름다운 딸과 동행해 식사를 하러 왔는데, 왕이 먹어보지 않은 디저트를 만들라는 주문에 크레이프에 오렌지 리큐르 소스를 끼얹어 브랜디를 뿌리고 난 후에 불을 붙여서 공손하게 식탁에 올렸다. 왕이 크레이프의 섬세한 맛과 향을 보고 무슨 디저트냐고 물었는데 샤르팡뒤에는 공주의 이름을 따서 크레이프 수제트라고 하였다.

또 다른 유래는 파리의 코메디 프랑세즈에서 크레이프를 먹는 단역을 열연하고 있던 수제트양을 위하여 팬의 한 사람이었던 조리사가 특제 크레이프를 만들어 메인 무대에 제공했다. 나중에 유명한 역을 맡게 된 수제트는 그 조리사의 답례로 자기의 이름을 붙여 크레이프 수제트라고 했다.

밀가루에 달걀, 우유를 섞은 반죽을 얇고 둥글게 부쳐서 아이스크림, 버섯, 잼 등 여러 가지 재료를 넣어 먹는 것을 말한다. 크레이프와 비슷한 것으로 팬케이크(Pancake), 브리테라(Brittella), 프판쿠헨(Pfannkuchen), 갈라테(Galatte) 등이 있으며 열 보유력이 큰 바닥과 가장자리가 두꺼운 팬을 사용한다.

- 크레이프 수제트 _ Crepe Suzette
- 과일 크레이프 _ Fresh Fruit with Crepe
- 오렌지 소스의 크레이프 수제트 _ Crepe Suzette with Orange Sauce
- 누가크림을 채운 팬케이크 _ Pancake Stuffed with Praline
- 팬케이크와 계절과일 _ Stuffed Pancake with Seasonal Fruit

(3) 그라탱 _ Gratin

그라탱은 과일에 사바용 소스를 곁들여서 오븐에서 색을 내는 것으로 소스를 잘 만들어야 좋은 과일 그라탱 요리를 완성할 수 있다.

- 과일 꼬치 그라탱 _ Brochettes Fruits Gratin
- 과일 그라탱 _ Fruits Gratin with Sabayon
- 비스퀴 그라탱 _ Biscrits Liqeur with Sabayon
- 딸기 그라탱 _ Strawberry Gratin

(4) 플랑베 _ Flambe

플랑베는 불어로 '불꽃, 화염, 태우다, 굽다'의 뜻으로 프랑스 식당에서만 제공된다. 코냑을 사용해야 제 맛이 나고 크레이프 수제트에 사용되는데, 포도주 소스와 잘 어울린다.

- 복숭아 플랑베 _ Peach Flambe
- 파인애플 플랑베 _ Pineapple Flambe
- 체리 주빌레 _ Cherries Jubilee
- 바나나 플랑베 _ Banana Flambe

(5) 비스킷 _ Biscuit

비스킷은 밀가루를 주원료로 하여 당류 및 유지류, 팽창제 등을 첨가해 일정 모양으로 성형하여 오븐에서 구워 다공질화시킨 과자이다.

① 절단 형태의 쿠키(Cut Out Cookies)

- 밀어 펴기 형태(Sheeting Roll Type) : 반죽형 쿠키 반죽을 제조하여 밀대로 밀어 펴고 각종 성형기(일명 틀)를 사용하여 반죽을 찍어 내어 철판에 옮긴 후 굽는 형태의 쿠키로서, 다른 쿠키에 비하여 액체 재료가 적은 편이다.
- 냉동 형태(Ice Box Type) : 반죽형 쿠키 반죽을 제조하여 냉동시키는 것으로 냉동시키지 않으면 작업하기가 곤란하고 성형하기도 어려운 유지 함량이 많은 반죽은 이 방법으로 만들며 냉장고에서 꺼낸 즉시 작업하는 것이 좋다.

② 짜는 형태의 쿠키(Bagged-out Cookies)

반죽형 또는 거품형 쿠키의 반죽을 제조 후 짤주머니를 이용해 팬닝한다.

③ 손으로 만든 쿠키(Hand making Type Cookies)

반죽형 쿠키 반죽을 제조하여 손으로 성형하여 만든 쿠키로 구슬형, 스틱형, 푸리젤형 등이 있다.

④ 판에 등사하는 방법의 쿠키(Stencil Type Cookies)

여기에 사용하는 반죽은 묽은 상태의 것으로 얇은 틀을 철판에 올려놓고 주걱을 사용하여 철판 윗면에 흘려서 만드는데, 대단히 얇고 바삭바삭한 쿠키가 된다.

- 아몬드 쿠키 _ Almond Cookie
- 아몬드 스틱 _ Almond Sticks
- 머랭 쿠키 _ Meringue Cookie
- 사브레 쿠키 _ Sable Cookie
- 초콜릿 칩 쿠키 _ Chocolate Chip Cookie
- 페티쿠스 _ Petikus
- 레이디 핑거 쿠키 _ Lady Fingers Cookie

3) 서양식 디저트 _ 빙과류

(1) 파르페 _ Parfait

파르페는 '완전함, 완벽함' 이라는 뜻으로, 생크림과 양주 등을 섞은 고급 크림 반죽을 틀에 담아 동결시켜 만든 것이다. 제공 시 이러한 아이스크림 종류를 컵에 층층으로 담아서 과일 소스를 곁들이는 것이 좋다.

- 요구르트 파르페 _ Yogurt Parfait
- 블루베리 파르페 _ Blueberry Parfait
- 칼바도스 사과 파르페 _ Carvados Apple Parfait
- 카푸치노 파르페 _ Capuchino Parfait
- 초콜릿 파르페 _ Chocolate Parfait
- 오렌지 파르페 _ Icecream Parfait Grand Marnier ; Orange Parfait
- 민트 파르페 _ Mint Parfait
- 헤이즐넛 파르페 _ Hazelnut Parfait

(2) 셔 벗

옛날 알렉산더 대왕이 페르시아를 공격하고 있을 때 병사들은 더위로 인한 일사병으로 쓰러지고 있었다. 그때 왕은 산에 가서 만년설을 가져오게 하고 그것에 과일즙을 섞어서 마시게 했는데 이것은 현재 전해지고 있는 셔벗(Sherbet)의 기원이다. 그 후 셔벗은 1550년경에는 포도주나 주스를 담은 그릇을 눈이나 얼음 속에 넣어(초석을 섞어) 저어 주면서 얼려 먹었다.

과일즙을 이용한 셔벗은 여름에 즐기는 디저트로 시럽과 양주를 섞은 뒤 얼려가면서 만든 것인데 많이 달지 않고 뒷맛이 깨끗한 것이 특징이다.

서벗은 설탕, 물, 과일산, 과실 및 과실 향료, 안정제를 주원료로 하여 냉동시킨 제품으로 진한 풍미보다 청량감이 우선한다는 점에서 통상적인 아이스크림과 구별된다. 서벗과 빙과는 아이스크림과는 달리 다음과 같은 특징이 있다.

- 0.35% 이상의 유기산을 함유한다.
- 중량률(서벗은 35~45%, 빙과는 25~30%)이 낮다.
- 설탕 함량은 25~45%로 높아 빙점이 낮다.
- 조직이 거칠다.
- 유고형분의 함량이 낮다.

서벗의 종류는 다음과 같다.

- 사과 셔벗 _ Apple Sherbet
- 여러 가지 셔벗과 과일 _ All Kinds of Sherbet and Fruit
- 샴페인 셔벗 _ Champagne Sherbet
- 포도 셔벗 _ Grape Sherbet
- 생강을 곁들인 꿀 셔벗 _ Ginger with Honey Sherbet
- 키위 셔벗 _ Kiwi Sherbet
- 레몬 셔벗 _ Lemon Sherbet

(3) 아이스크림 _ Icecream

아이스크림은 주 원료인 크림에 각종 유제품, 예를 들면 유지방·우유·탈지분유·설탕·향료·유화제·안정제 및 색소 등을 첨가하여 동결시켜 만든 빙과이다.

고대의 왕족들이 높은 산의 흰눈과 얼음을 가져오게 하여 먹었다는 기록이 있으며, 로마시대에는 이것들에 알코올이나 과즙을 섞어 먹었다고 한다. 지금과 같은 아이스크림은 1550년 이탈리아에서 처음으로 만들어졌으며 그 후 프랑스와 영국에 전해졌다.

1867년에 독일에서 제빙기가 발명된 후로 냉동 기술이 점차 발달하면서 냉과는 더욱 다양하게 발전하여 오늘에 이르렀다. 오늘날과 같이 일정한 품질을 유지하면서 상업적으로 생산할 수 있게 된 것은 다름 아닌 냉동·냉장기술의 혁신에서 비롯되었다. 원래 우유를 가미한 차가운 요리는 오염과 세균 등의 문제로 먹기에는 매우 위험하였지만, 가끔 특별할 경우이거나 부자들의 허세에 의해서 손님들 앞에 차려지게 되었다.

한편 우리나라의 아이스크림 역사는 1950년대에 미군 부대의 아이스크림 기계가 제과점에 전해지면서 아이스크림의 생산이 본격적으로 이루어졌다. 우리나라에 최초의 아이스크림은 일본 연호인 문정(文正) 6년에 간행된 『조선요리제법』의 '서양요리' 편에 정리되어 있다. 내용에 명시된 재료표로 보아 전통적인 유럽식 아이스크림으로 생각되는데 현재 전하는 우리나라의 아이스크림 재료와 틀을 같이하고 있다. 하지만 우리나라의 아이스크림의 유래는 1924년 프랑스에서 최초로 초콜릿을 넣은 제법이 일본을 거쳐 우리나라에 전해진 것이 대중화된 최초의 것이라고 생각된다.

아이스크림은 제조방법에 따라 혹은 법적 분류에 따라 나눌 수 있는데 나라마다 성분규격과 정의가 조금씩 다르다. 그러나 일반적으로 다른 성분보다 유지방의 지방률에 따라 그 용도를 달리 한다. 유지방이 6% 이상, 무지유 고형분 10% 이상인 것을 아이스크림, 유지방 2% 이상, 무지유 고형분 5% 이상을 아이스밀크로 정의하는 것 등이 그 예이다.

이 밖에도 제조방법에 따라서 소프트 아이스크림, 하드 아이스크림으로 나누어지며 배합에 따라 가장 기본이 되는 플레인 아이스크림, 달걀노른자를 많이 배합해 만든 커스터드 아이스크림 등 매우 다양하다.

소프트 아이스크림이란 모든 재료를 프리저(Freezer)에 넣어 제조한 것을 영하 7℃에서 오버런을 30~50%로 반 경화시켜 만든 것으로 반 유동체 형태로 적당한 용기에 담아 그대로 판매한다.

하드 아이스크림은 재료의 배합·살균·균질·냉각·동결과정을 거쳐 생산하는 아이스크림으로 영하 17~20℃에서 오버런을 보통 100% 정도로 경화시킨다. 보통 가공원료나 배합하는 재료에 따라 여러 가지 아이스크림이 생산되며 대부분의 아이스크림이 여기에 속한다.

- 바닐라 아이스크림 _ Vanilla Icecream
- 치즈 아이스크림 _ Cheese Icecream
- 꿀 아이스크림 _ Honey Icecream
- 마스카포네 아이스크림 _ Mascarpone Icecream

- 레몬 아이스크림 _ Lemon Icecream
- 딸기 아이스크림 _ Strawberry Icecream
- 망고 아이스크림 _ Mango Icecream
- 피스타치오 아이스크림 _ Pistachio Icecream
- 샤워 크림 아이스크림 _ Sour Cream Icecream

(4) 디저트 소스 _ Sauce

디저트의 소스는 원래 라틴어 'Sal'에서(소금을 뜻함) 유래된 것인데 감미, 산미, 수분을 더해주고 색감을 이용한 시각적이고 미각적인 효과를 추구하며 새로운 맛을 내게 함으로써 디저트를 한층 돋보이게 한다.

소스는 크림 소스와 리큐르 소스로 크게 나누며 디저트 고급화에 따라 중요시되고 있다.

- 앙글레즈 소스 _ Anglaise sauce
- 초콜릿 소스 _ Chocolate Sauce
- 멜바 소스 _ Melba Sauce
- 블루베리 소스 _ Blueberry Sauce
- 케러멜 소스 _ Caramel Sauce
- 커피 소스 _ Coffee Sauce
- 사과 소스 _ Apple Sauce
- 오렌지 소스 _ Orange Sauce

5. 기본 크림

디저트에서 사용하는 크림은 여러 가지가 있으며, 크림의 역할은 매우 중요하다. 크림은 케이크 표면을 데커레이션하기 위해 이용되거나, 크림만을 구워 디저트를 만들 때 필링의 재료로 이용하기도 한다. 그리고 여러 가지 재료를 이용하여 만들기도 하며 완성된 두 가지 이상의 크림을 섞어서 사용하는 경우도 있다.

디저트에서 가장 많이 사용하는 몇 가지의 크림에 대해 살펴보면 다음과 같다.

1) 커스터드 크림

커스터드(Custard)란 이름은 크러스트(Crust)라 하여 프랑스 요리인 크로스태드(Croustade)의 어원과 같다. 또한 이 단어는 또 빵과 구운 과자의 껍질을 뜻하는 크러스트(Crust)와도 어원이 같다.

커스터드는 우유와 설탕으로 만든 반죽을 접시에 담아 오븐에서 구운 소박한 과자의 하나로, 이 과자에서 커스터드 푸딩과 커스터드 소스가 만들어졌으며, 이것이 발전하여 커스터드 크림이 되었다.

원래 커스터드 크림 자체는 프랑스에서는 제과용 크림이란 의미로 크렘 파테시에르(Crèam pâtessierè)라 불렀으며, 독일권에서는 커스터드 크림에 해당되는 크림을 바닐라 크림(Vanilla Cream)이라 불렀다.

커스터드는 크림 앙글레이즈(Creme Anglaise)를 비롯하여 자바글리온(Zabaglione) 또는 사바용(Sabayon) 등은 밀가루나, 녹말로 농도를 조절하는 모든 디저트의 바탕이 될 수 있다.

전통적으로는 파이나 타트 및 스팀 및 푸딩의 바탕에 사용해 왔으며 발전을 거듭하면서 아이스크림, 수플레, 푸딩, 바바루아 등과 같이 사용되어 왔다. 사실 커스터드란 말은 영국 옛말인 크림 앙글레이즈 스제스트(Creme Anglaise Suggests)에서 유래되었다.

커스터드의 종류에는 포우링(pouring)타입과 베이커트(baked)타입이 있으며, 두 가지 모두 주재료는 우유와 달걀이다. 완벽하게 만들어진 커스터드의 질감은 마치 비단결같이 부드럽다.

2) 아몬드 크림

아몬드 크림은 프랑스어로 크렘 다망드라 하며, 단독으로 사용하는 경우는 극히 드물고 보통 다른 반죽과 어울려 필링으로 이용하는 경우가 많다. 영국이나 미국에서 아몬드 크림이라 하며, 프랑스에서는 크렘 다망드와 프랑지판으로 나누어 구분하고 있다. 이것은 명확한 구별이 없으며 보통 크렘 다망드는 프랑스에서 만들어졌고 프랑지판은 이탈리아가 그 기원이라고 한다.

크렘 다망드와 프랑지판의 기본 배합은 버터, 설탕, 달걀, 아몬드가 같은 양으로 들어간다. 이는 파운드 케이크 제조 시에 사용하는 배합에서 밀가루 대신에 아몬드파우더를 사용하면 똑같은 상태이다.

아몬드 크림의 제법에는 두 가지 방법이 있다. 한 가지는 아몬드파우더를 사용하는 방법으로 크렘 다망드의 제법과 거의 같아 아몬드파우더와 설탕을 함께 섞고 달걀을 넣은 뒤 마지막에 녹인 버터를 넣고 완전히 섞어 주는 것이다. 다른 한 가지 제법은 마지팬 등 페이스트 상태의 아몬드를 사용하는 방법으로 입자가 고와서 혀의 촉감이 매끄러운 특징이 있다.

아몬드 크림은 그대로 사용하는 것이 아니라 반드시 불을 이용해야 하며, 다른 크림과 마찬가지로 여러 가지 소재를 넣어 다양하게 만들 수 있다.

- 초콜릿 : 기본 반죽에 대해 4~7%의 녹인 초콜릿을 넣는다.
- 커피 : 기본 반죽에 대해 3~4%의 인스턴트 커피를 넣는다.
- 프랄리네 : 아몬드, 헤이즐넛, 피스타치오 등을 곱게 빻아 기본 반죽에 대해 20% 정도를 섞는다.
- 꿀 : 기본 반죽에 사용하는 설탕 분량의 15~20%와 교체해 사용한다. 꿀 이외에도 조당이나 브라운 슈거를 사용할 수도 있다.
- 과실 : 과즙의 경우 기본 반죽에 대해 35%를 첨가하며, 건조한 아몬드파우더와 함께 롤러에 넣어 페이스트 상태로 만드는 것이 가장 좋다. 잼을 넣을 경우에는 잼의 당분을 계산해서 그만큼 설탕의 분량을 줄이는 것이 좋으며, 곱게 썰어 당 절임한 과일을 사용해도 좋다.

3) 치즈 크림

치즈 크림은 주로 간단한 식사류나 디저트류(세이버리 제품)에 이용한다. 치즈로는 크림치즈를 가장 많이 사용하지만 어떤 종류의 치즈라도 상관이 없다. 부드러운 연질치즈는 그대로, 반경질의 치즈는 갈아서 사용하는 경우가 많으며, 풍미가 독특한 브루치즈나 락포르치즈는 프티푸르나 오르되브르 같은 소형 제품에 이용하면 좋다.

버터 크림처럼 버터, 달걀과 섞어서 휘핑하거나 우유와 달걀을 커스터드 크림과 같이 끓이는 중에 섞거나 하는 등 제법은 여러 가지가 있다.

4) 가나슈 크림

가나슈 크림은 초콜릿과 생크림으로 만드는 농후한 크림으로 그 용도는 주로 다음의 세 가지 정도로 요약된다.

- 스펀지나 버터 케이크 필링, 코팅에 사용한다.
- 프랄리네 초콜릿의 충전물용으로 사용한다.
- 쿠키 샌드용으로 사용한다.

가나슈 크림에는 모든 종류의 초콜릿을 이용할 수 있으며, 배합도 여러 가지이지만 생크림과 초콜릿이 1 : 1인 것이 기본이다. 단단한 크림은 초콜릿이 많은 것이며, 프랄리네 센터에 이용하는 것은 생크림과 초콜릿이 1 : 2 정도이다. 부드러운 크림은 초콜릿이 적은 것이며, 케이크 등에 코팅하는 것을 이용한다. 또는 양주, 견과류 등을 이용하여 여러 가지 풍미를 내는 경우도 있다.

5) 생크림

휘핑한 생크림은 바바루아 같은 디저트의 반죽으로 이용되는 것 이외에도 스펀지 샌드용, 파이나 슈의 필링용, 케이크의 데커레이션 등 매우 용도가 다양하게 사용되고 있다. 생크림을 휘핑하는 것은 여기에 들어 있는 유지방의 기능을 이용하는 것이다. 따라서 유지방분이 어느 정도 높은 생크림이 아니면 휘핑했을 때 결이 잘 살아나지 않는다.

제과용으로 사용되는 생크림은 일반적으로 유지방분이 45%가 함유되어 있으며, 생크림을 휘핑할 때는 4~7℃ 정도의 차가운 것이 안정성도 높아 가장 좋은 기포, 즉 고운 기포를 형성할 수 있다. 생크림을 휘핑할 때에는 휘퍼를 사용하고 처음에는 될 수 있는 한 빠른 속도로 교반하여야 하며, 교반 리듬을 일정하게 해야 균일한 기포를 얻을 수 있다. 어느 정도 휘핑되면 교반 속도를 늦추고 단단해질 때까지 휘핑을 계속한다. 생크림은 휘핑이 지나치면 푸석푸석해지며 수분이 유지방과 분리되어 버터가 되어 버린다. 휘핑 크림에도 버터 크림과 같이 여러 가지 소재를 이용하여 다양한 풍미를 낼 수 있다.

Chapter **2**

디저트 장식

Chapter **2** 디저트 장식

디저트에 사용되는 장식은 지속적인 것이 아니라, 순간 순간 이어지는 것이다. 디저트의 발상은 대단한 창의적이더라도 실제로 요리에 적용하였을 때에 어울리지 않으면 디저트를 부각시킬 수 없다. 그렇기 때문에 이러한 디저트의 장식은 파티쉐들의 끊임없이 장식의 기법을 개발하고 새로운 경향을 찾아내야 한다. 또한 간단하면서도 자연스럽고, 잘 어울리는 장식방법을 고안해야 한다.

디저트 장식의 종류는 다음과 같다.

1. 초콜릿 장식 _ Chocolate Decorations

초콜릿은 멕시코 원주민이었던 아즈택족을 발견한 16세기 스페인 모험가는 그들이 만드는 코코아 빈스를 생산하여 각종 요리에 응용하여 먹기 시작하였다. 코코아 빈스를 유럽에 소개하면서부터 초콜릿이 전 세계적으로 퍼져 나갔다.

초콜릿은 향, 부피, 촉감, 색, 굳는 상태 등등 많은 성질들이 디저트 장식용으로 적합하다. 파티시에들마다 초콜릿을 이용한 독특한 기법들을 한두 가지쯤 가지고 있지만, 다음과 같은 기본적인 방법들은 반드시 알아야 할 기법들이다.

(1) 초콜릿 깃 _ Chocolate Collar
초콜릿 깃은 와이셔츠 깃을 연상하면 이해하기 쉽다. 초콜릿을 얇게 만들어 일정한 크기로 자른 다음, 정확한 간격으로 세우는 것이 일반적이며, 이것은 치즈 케이크 또는 일반 케이크 등에 많이 사용되고 있다.

녹인 초콜릿을 유산지 위에 얇은 두께로 일정하게 바르고 그대로 두면 굳는데, 이때 완전히 굳히는 것이 아니라 흘러내리지 않고 휘어질 수 있는 상태에서 유산지가 케이크 밖으로 향하도록 하고 케이크 둘레에 돌린다. 케이크 둘레에 정확하게 맞으면 완전히 굳을 때까지 두었다가 유산지를 떼어내야 하며, 물방울 모양이나 어떤 무늬를 넣으려면 먼저 유산지에 색이 다른 초콜릿으로 찍거나 무늬를 그리고 나서 먼저 바른 초콜릿이 굳어서 서로 섞이지 않을 때에 색이 다른 초콜릿을 바르면 된다.

(2) 초콜릿 커브 _ Chocolate Curve

녹인 초콜릿을 대리석 작업 테이블에 두껍게 편 다음, 식혀서 굳자마자 스크랩퍼나 조리용 칼을 45° 각도로 눕혀서 긁어 내면 초콜릿이 말려 오므라들게 된다. 초콜릿이 너무 굳어지면 깨지기 때문에 작업을 계속할 수 없게 된다. 따라서 한 번에 재빨리 일정한 온도에서 작업을 끝내야 한다.

다크와 화이트의 초콜릿을 이용하여 다양한 초콜릿 커브를 만들어 낼 수 있으며, 커브는 초콜릿의 길이에 따라 크기를 다르게 할 수 있고, 두께 조절도 가능하다. 감자 껍질을 벗기는 용도의 칼을 사용하면 작은 모양의 초콜릿 커브를 예쁘게 만들 수 있다.

(3) 초콜릿 짜기 _ Piped Shapes

짤주머니에 녹인 초콜릿을 넣어 가늘게 사진을 그리듯이 모양을 만든 다음, 굳혀서 사용하는 것이다. 일반적으로 유산지를 짤주머니로 잘라서 사용하며, 유산지의 끝 부분을 약간 잘라서 초콜릿이 가늘게 나오도록 하여 글씨를 쓰거나 원하는 모양을 만들어 사용한다. 초콜릿 짜기는 유산지 위에서 작업을 해야 굳은 다음에 초콜릿을 떼어내기 쉬우며, 초콜릿의 온도를 약간 높이면 작업이 용이하다. 어려운 작업은 유산지에 미리 선을 그어 표시하고 선을 따라 작업을 하면 보다 완벽하게 끝낼 수 있다.

(4) 초콜릿 잎새 _ Chocolate Leaves

두껍고 뒷면이 반짝거리는 나뭇잎을 선택하여 뒷면을 깨끗하게 씻은 다음, 잘 말려서 붓으로 녹인 초콜릿을 뒷면에 바른 후, 굳으면 나뭇잎(Leaves)을 조심스럽게 떼어 낸다. 초콜릿에 나뭇잎의 선이 자연스럽게 남아 있기 때문에 매우 아름다운 장식을 만들 수 있으며, 사철나무나 장미 또는 카멜리아, 동백 등이 적당하다.

(5) 초콜릿 코팅 _ Chocolate Cotting

딸기나 말린 과일 또는 비스킷 등을 녹인 초콜릿에 담갔다가 꺼내어 굳힌 다음에 사용하면 된다. 딸기의 경우, 완전히 코팅을 하지 않고 일부분만을 코팅하여 딸기 색을 살려 디저트 장식에 사용하면 매우 효과적이다.

2. 캐러멜 장식

캐러멜(Caramel)은 굳기 전에 재빨리 만드는 것이 중요한 반면, 저장이 어렵다. 그 이유는 습기에 의해 캐러멜이 녹아내리기 때문이다. 캐러멜은 크림이나 커스터드 아이스크림 등 수분이 많은 것과 만나게 되면 녹아 액체가 된다. 캐러멜의 색이 변하는 정도, 굳어지는 농도, 또는 보관했다가 필요할 때에 재가열하는 방법 등을 잘 알아두면 매우 효과적으로 장식할 수 있다.

(1) 캐러멜 판 _ Caramel Sheets

캐러멜을 유산지나 쿠킹포일에 부어 얇게 만든 다음, 식혀서 굳도록 두었다가 사용하는 것을 말하며, 만들어진 캐러멜 판은 여러 가지 다양한 모양으로 부러트려서 장식을 할 수 있다. 캐러멜 판은 손으로 쉽게 부러지기 때문에 작업하기 용이하다. 먼저 판을 만들어 부러뜨려서 사용할 수도 있고, 일정한 판에 캐러멜을 부어 굳힌 다음 사용할 수도 있다.

판틀 모양에 붓으로 기름을 살짝 바른 다음, 녹인 캐러멜을 부어 굳힌 후 조심스럽게 떼어내서 장식으로 사용하면 된다.

(2) 캐러멜 코팅 _ Caramel Praline

아몬드나 호두 또는 개암 등을 굽거나 삶아서 캐러멜로 완전히 코팅하는 방법을 말한다. 일반적으로 견과류를 많이 사용하며, 견과류의 양과 설탕의 양을 같게 하여 설탕으로 캐러멜을 만든 다음, 견과류를 넣고 재빨리 유산지 위에 깔아서 필요한 모양으로 떼어 사용한다. 견과류를 모양 없이 코팅한 다음, 믹서기나 분쇄기에 갈아서 디저트 위에 자연스럽게 뿌리기도 한다. 또한 캐러멜 코팅을 한 후에도 다른 모양으로 변형해서 사용할 수도 있다. 으깬 아몬드를 캐러멜과 함께 섞어 코팅한 다음 얇게 판을 만들어 굳히고 다시 열을 은근하게 가해 부드러워지면 컵 모양의 몰드를 만들어서 각종 무스의 받침으로 사용하기도 한다.

(3) 캐러멜 투명실 _ Spun Sugar

캐러멜 투명실은 포크 한쪽의 끝에 캐러멜을 묻히고 서로 붙여서 늘리는 작업을 반복하면, 여러 가닥의 실이 만들어진다. 캐러멜은 이 작업을 하는 동안 물이 끓고 있는 냄비 위에 올려놓아 액체 상태로 유지시킨다. 원하는 상태까지 끈끈해지면 포크 끝에 묻히고 서로 잡아당기듯이 끝과 끝을 붙였다 떼었다 하면 실이 형성된다.

실이 길어지면서 부서질 염려가 있으므로 밀대 두 개를 중간에 걸쳐 실을 떠받치도록 한다. 하나의 포크를 사용할 때에는 밀대 두 개를 걸쳐놓고 포크 끝에 뜨거운 캐러멜을 묻혀서 뿌리듯이 반복하여 흔들면 가는 실이 만들어지면서 밀대 위에 걸치게 된다. 투명실이 만들어지면 완전히 굳기 전에 재빨리 손으로 모아 여러 가지 모양으로 만들어 디저트 장식으로 사용한다.

(4) 캐러멜 바스켓 _ Caramel Baskets

캐러멜 바스켓은 몰드나 작은 컵의 바닥 쪽에 기름을 살짝 바르고 그 위에 캐러멜을 그물 모양으로 뿌려서 굳힌 다음, 조심스럽게 떼어내는 방법이다.

국자나 푸딩 몰드를 많이 사용한다. 완성된 캐러멜 바스켓이 두꺼울수록 깨지는 확률은 적으나 장식효과는 떨어지며, 가늘수록 아름답게 만들어진다.

(5) 캐러멜 라이닝 _ Caramel Linning

캐러멜 라이닝이란 푸딩 몰드의 바닥에 일정한 두께의 캐러멜을 붓고 농도의 차이로 인해 캐러멜이 일정한 두께의 라인으로 만들어지도록 하는 것을 말한다. 캐러멜 커스타드가 이러한 장식효과에 속한다.

3. 리큐르

중세 프랑스 수도승들이 신에게 바치기로 한 포도주에 약 130종의 약초를 이용하여 만들어진 리큐르(Liqeur)는 라틴어 '리큐오르'에서 온 프랑스 말이다.

피로를 푸는 비약으로 여러 가지 병에 좋을 것으로 알려져 있다. 1789년 프랑스 혁명 후 수도원이 모두 파괴되었지만, 약 70년 후 어느 수도원에서 리큐르 만드는 법이 적혀 있는 양껍질이 발견되어 부활되었다.

리큐르 이름은 수도원 이름이 많으며, 베네딕틴(Benedectine), 사르토즈(Charteuse)가 쌍벽을 이룬다. 리큐르는 식사 후 맛있는 그릇에 향기와 맛을 즐기는 식후 술이다.

(1) 럼 _ Rum

럼은 17세기 초 카리브해 지방에서 탄생하여 서인도 제도의 여러 나라에서 제조 판매되었다. 증류주로서 사탕수수에서 설탕을 만들고 난 당밀을 발효시켜 당을 알코올로 바꾸고 이것을 증류하고 정류하여 오크통에 넣어 저장하였으며, 알코올 농도는 보통 40~70% 정도이다. 파운드나 머핀에 들어가는 충전물의 전처리용으로, 케이크를 구울 때 비린내를 없애기 위해 사용되며, 베이커리에서 가장 처음으로 접하게 되는 술이다.

(2) 트리플 색 _ Triple Sec

트리플 색이란 오렌지 껍질, 브랜디, 설탕을 원료로 한 것으로, 코인트루(Cointreau)사 제품으로 프랑스가 원산지이지만 처방법이 노출되어 미국에서도 생산되고 있다. 화이트 큐라소 리큐르에 오렌지 리큐르를 혼합한 것으로 세 번 증류를 거듭했다는 뜻에서 나온 말이다.

(3) 오렌지 큐라소 _ Orange Curacao

17세기 말 베네수엘라 큐라카오 섬의 말린 오렌지 필(Orange Peel)로 만든 것이 시초가 되어 현재는 여러 나라에서 만들고 있다. 흰색, 파란색, 오렌지색이 있다.

(4) 그랑 마니에 _ Grand Marnier

오렌지를 주 원료로 한 골든 브라운색의 프랑스 브랜디이며, 큐라소 계열의 리큐르로서는 최고급품이다. 코냑과 양질의 오렌지 껍질을 가미하여 만들었으며, 종류에는 적색과 황색이 있다. 적색은 방향이 강하며 병에 리본이 달려 있다.

(5) 쿠엥트로 _ Cointreau

프랑스산으로 오렌지 계열의 제품 중에서 최고급 리큐르로, 색이 투명하다. 매우 달콤하고 향

굿해 식후에 디저트용으로 마시기도 하고 제과용에 쓰이기도 한다.

(6) 깔루아 _ Kahlua

럼베이스에 멕시코산 커피를 주 원료하여 만든 커피리큐르로, 모카 케이크, 티라미수 등의 커피
향 제품을 만들 때 사용한다.

(7) 키르쉬 _ Kirsch

버찌의 씨를 으깨서 발효시켜 증류한 무색투명한 술이다. 앵두주라고 하면 부드러운 술 같은
느낌이 들지만 그렇지는 않고 강렬한 향기와 독특한 풍미를 지닌 독한 술이다.

(8) 체리 브랜디 _ Cherry Brandy

칼쉬와써(Kirshwasser) 또는 중성주정에 체리를 주 원료로 하여 시나몬(Cinamon), 클로브
(Clove) 등의 향료를 침전시켜 만드는 리큐르이다. 체리 자체를 증류해서 만드는 것도 있다.

(9) 크렘 드 프랑보아즈 _ Creme De Framboises

라즈베리를 알코올 주정에 담가서 숙성한 후 여과하여 당분을 첨가하여 만든 리큐르이다. 종
류로는 증류법으로 만든 무색과 침지법으로 만든 붉은색이 있다. 무스, 딸기 아이스크림을 만들
때 사용하면 맛이 더 깊어진다.

(10) 칼바도스 _ Calvados

프랑스 노르망디(Normandy) 지역에서 생산되는 애플브랜디(Apple Brandy)이며 향미, 향취
가 좋다. 아펠라시용 꽁드롤레 깔바도스 뒤 뻬이도쥐(Appellation Controlee Calvados Du Pays
d' Auge)법에 따라 통제 관리하여 생산된 것에 한하여 칼바도스(Calvados)라고 표시한다. 사과
가 주 원료이다.

(11) 크렘 드 카카오 _ Creme De Cacao

카카오씨를 주 원료로 하여 카카오향과 바닐라향을 가미하여 만든 카카오 리큐르이며, 종류에
는 흰색과 황색이 있다.

(12) 크렘 드 바나나 _ Creme De Bananes

스피리츠에 신선한 바나나와 당분을 첨가하여 바나나맛이 나도록 만든 리큐르이다.

(13) 청 주

쌀을 쪄서 누룩과 물을 가하여 며칠 두면 효모균과 술 효모가 발육한다. 이것을 독에 넣고 다시 세 번에 걸쳐 찐 쌀과 누룩과 물을 가하여 잘 섞어서 저장해 두면 효모균의 작용으로 쌀의 녹말은 당분으로 변하고, 효모의 작용으로 알코올로 변한다. 보통 최고온도 14~16℃로, 16~25일간 숙성시킨다. 이것을 걸러낸 것이 탁주이고 이것을 통에 부어 30~35일간 깨끗한 곳에 두면 맑은 청주가 된다.

4. 과일 _ Fruit

요리에 과일을 사용한 기록은 그리스 초기에서부터 로마에 이르기까지 기록문화가 시작되면서부터 많은 내용이 있다. 특히 '누벨(Nouvelle Cuisine)' 시대에 와서 과일에 대한 조리법이 재조명되기도 하였다.

그러나 과일은 요리를 먹고 나서 나중에 제공되는 방식에 있어서 예나 지금이나 변함이 없다. 과일은 구태여 모양을 내지 않아도 훌륭한 데커레이션이 되기도 하고, 모든 디저트에 사용되고 있다.

세계 어디서나 볼 수 있는 사과를 보면, 껍질만 제거하여 먹기도 하고, 뜨거운 디저트나 샐러드, 튀김, 구이 할 것 없이 쓰임새가 많다. 또한 감귤류를 보면, 껍질을 까서 먹거나, 즙을 내어 셔벗이나 크림, 수플레, 주스, 소스 등 주변의 요리를 보다 풍부하게 해주는 역할을 하고 있다.

과일도 향신료나 커피처럼 중세기 무역선들에 의해서 또는 항해를 즐기는 모험가들에 의해서 전파되는 경우가 많았다. 영국의 찰리는 파인애플을 영국에서 처음 생산하여 주위 귀족들에게 나누어 주며 이를 매우 자랑스럽게 여겼다.

그 밖에도 이 당시 항해를 즐겼던 조지 메이스터(Georg Meister)와 같은 사람들에 의해서 인도와 인도네시아 등에서 과일의 씨앗을 가져다가 자기 나라에 심음으로써 과일 전파에 한몫을 하게 되었다. 그는 여행 중에 그 지역에서 생산되는 과일인 망고스틴 · 파파야 · 코코넛 등을 자세하게 사진을 그려 전하기도 하였는데, 오늘날에 알려지지 않는 과일까지도 이 사진 속에는 포함되어 있다. 산업혁명과 함께 나타난 증기선은 이러한 과일들을 거꾸로 전 세계에 퍼트리는 역할을 하였다.

오늘날 전 세계에 퍼져 있는 과일들은 같은 종류라 할지라도 그 지역의 기후와 토양에 따라 다른 특이한 맛을 지니고 있다.

1) 야생 과일-베리류

화려하지도 않고 자연스러운 칼라를 지니고 있는 것이 특징이다. 향이나 품질에 있어서 그 어떤 과일로도 대체 할 수 없는 신비스러움을 지니고 있기 때문에 디저트를 즐기는 사람들 중에는 반드시 그것만을 고집하는 경우도 있다.

야생과일(Wild Fruits)의 대표적인 것으로 베리의 종류를 들 수 있다. 베리는 붉은색에서 노란색 또는 검은색 등으로 색상이 매우 다양하며, 주로 크지 않은 덤불에 줄기를 따라 오밀조밀하게 붙어 있다. 잘 익은 베리는 당도가 높으며, 비타민도 풍부하여, 날것으로 먹을 수 있다. 가을에 수확되는 베리가 특히 향이 깊고 비타민도 많이 함유되어 있다.

(1) 딸기 _ Garden Strawberry

딸기의 종류는 세계적으로 1,000가지 이상이 분포하고 있다. 딸기가 우리나라에는 언제 전해졌는지 정확하게 알 수 없지만, 19세기 말 경으로 추정된다. 프랑스에는 18세기 중엽에 프레지어(Frezier)라고 하는 선장에 의해서 전해졌다는 기록이 남아 있다.

최근에는 세계 어디에서나 쉽게 볼 수 있으며, 생산 시기가 지나면 냉동된 딸기를 사용한다. 냉동된 딸기는 소스나 수플레 및 아이스크림 등과 같이 가공품을 만드는 데 많이 사용한다.

(2) 산딸기 _ Wild Raspberry

산딸기는 '과일의 여왕(Queen of Fruits)'이라고 찬사를 아끼지 않았던 로마시대 유명한 시인 버질(Virgil)과 오비드(Ovid)의 말을 인용하지 않더라도, 모든 사람들이 인정하는 훌륭한 과일이다. 산딸기는 신맛이 나면서도 표현할 수 없는 깊은 향이 있으므로 그 자체로도 훌륭한 디저트가 된다.

소스로 사용할 때에는 갈아서 씨를 걸러낸 다음 꿀을 섞어 사용한다. 케이크나 푸딩 및 가니시 용으로 많이 이용한다.

(3) 블루베리 _ Blueberry

캐나다와 미국에서 가장 많이 생산되는 야생과일 중의 하나는 블루베리이다. 키가 낮은 관목과 키가 큰 관목의 두 가지가 대표적인데, 일반적으로 키가 낮은 관목에 달리는 블루베리가 큰 관목의 것보다 단맛이 강하다. 주로 과일 샐러드, 씨리얼, 크레페, 와플의 내용물로 사용된다. 잼이나 젤리를 만들어서 빵과 함께 먹기도 한다.

(4) 레드 커런드 _ Redcurrant

레드 커런드는 익혔을 때에 향이 좋기 때문에 날것으로 먹기보다는 익혀서 사용하는 경우가 많다. 타트나 케이크의 장식으로 사용되는 레드 커런트는 대부분은 통조림으로 가공된 것이며, 통조림을 사용하는 것은 조리하였을 때 향과 맛이 더 뛰어나기 때문이다.

레드 커런트는 푸딩이나 케이크 및 파이에 내용물로 많이 사용되며, 곱게 갈아서 소스를 만들면 파인애플이나 자두 및 배 등과 같이 다른 과일과도 잘 어울린다.

(5) 블랙 커런트 _ Black Currant

블루베리와 비슷하게 생긴 블랙 커런트는 주로 알코올 음료나 와인, 젤리, 그리고 쿨리 소스를 만드는 데 사용된다. 블랙 커런트에는 비타민 C가 매우 풍부하다. 블랙 커런트 250g에 들어 있는 비타민 C의 양은 동량의 오렌지에 비해 세 배가 넘는다. 또한, 블랙 커런트는 변비를 치료하는 효과도 지니고 있다.

(6) 크랜베리 _ Cranberry

크랜베리는 앵두처럼 생겼으나 씨는 전혀 다르며, 맛은 새콤하고 주스로 사용하는 경우가 많다. 조리를 해도 모양변화가 적기 때문에 머핀·빵·케이크 속에 넣어 굽기도 하고, 파이나 셔벗에 사용하기도 한다. 물론 잼이나 젤리, 소스로도 많이 사용된다.

(7) 블랙베리 _ Blackberry

우리나라 사람들에게는 뽕나무에 달린 '오디'로 더 많이 알려져 있는 블랙베리는, 서양에서 볼 때는 라스베리나 딸기의 일종으로 생각한다.

처음에는 흰색이다가 노란색과 붉은색 그리고 검은색으로 바뀐다. 흰색일 때에는 단단하고 떫떠름한 맛이 나지만, 붉은 색으로 변하면서 단맛이 나기 시작해 검은색을 띨 때에 가장 당도가 높고 과즙도 풍부하다.

블랙베리는 디저트에서 그대로 사용하기도 하지만, 아이스크림이나 요거트 및 생크림에 넣어서 사용한다. 물론 잼·젤리·시럽·와인 등을 만들 수 있으며, 브랜디를 만들 수도 있다.

(8) 포도 _ Grape

포도는 와인이나 알코올음료에 사용되는 기초재료서 코냑, 포트, 샴페인 등이 포도를 재료로 만들어진다. 포도는 날것, 조리, 말림, 잼, 젤리 등 거의 모든 가공방법으로 다양하게 이용된다. 기후와 토양에 따라 종류와 맛도 다양하다.

포도는 크기별로 구분하기도 하지만, 자연적인 색깔에 따라 검은 포도와 청포도, 그리고 노란 포도 등으로도 구분한다.

(9) 구스베리 _ Gooseberry

구스베리는 유럽에서 미국으로 전해진 것으로 보인다. 구스베리는 다른 커런트와는 차이가 있다.

커런트가 일정한 송이를 이루면서 달려 있는 데 비하여 구스베리는 개별적으로 달려 있다. 구스베리를 날것으로 먹으면 매우 상큼한 맛을 느낄 수 있으며, 설탕과 함께 파이나 젤리·서벗·시럽 등을 만드는 데 사용한다. 때로는 푸딩이나 샐러드에도 사용하고, 전반적으로 신맛이 강하며 펙틴 함량도 높다.

2) 단단한 씨가 들어 있는 과일류 _ Stone Seed Fruits

(1) 체리 _ Cherry

체리는 종류가 다양하며, 우리나라에 자생하고 있는 체리는 '버찌' 라고 할 수 있는데, 이른 봄에 흐드러지게 벚꽃이 피고 나면 줄기에 작은 열매가 맺히고 얼마 가지 않아서 노란색에서 붉은색으로 되었다가 검은색으로 변하게 된다. 이 버찌는 '와일드 체리(Wild Cherry)' 라고 불리며, 과일로 사용하기에는 너무 작다.

과일로 사용되는 체리는 유럽과 남미 등지에서 생산되는 '사워 체리(Sour Cherry)' 와 '스위트 체리(Sweet Cherry)' 가 주류를 이루며, 크기 때문에 씨를 제거하고도 상당량의 육질이 나온다.

체리의 맛은 달면서도 매우 상쾌하여 디저트에서 샐러드, 파이, 요거트, 과일 케이크에 많이 사용된다.

(2) 살구 _ Apricot

살구는 덜 익었을 경우에는 약간 신맛이 나며, 완전히 익으면 단맛과 향이 강해진다. 살구는 완전히 익기 바로 전에 수확하여 상온에서 2~3일 두면 숙성되고 숙성된 후에는 냉장고에 보관하여야 한다.

살구는 조금만 상처가 나도 쉽게 부패되기 때문에 상처가 나지 않도록 주의해야 하며, 비타민 A와 칼륨이 풍부하다. 씨를 제거한 다음, 말리거나 설탕에 절여 디저트에 사용하고, 좀 단단한 것은 설탕물에 삶은 후에 그대로 디저트로 사용해도 된다.

(3) 복숭아 _ Peach

복숭아는 종류가 많고 종류에 따라 맛도 다양하다. 디저트에 사용하는 복숭아는 너무 단단하지 않은 것을 선택해야 하는데, 색상은 내부가 황금색이 나고 향이 풍부한 것이 좋다. 만약, 단단한 복숭아일 경우에는 설탕 시럽에 포칭하여 디저트로 사용할 수 있다.

복숭아의 특색을 살리는 가장 좋은 방법은 날것으로 사용하는 것이다. 복숭아는 잼이나 컴포트 아이스크림 등으로 사용한다.

(4) 자두 _ Plum

자두는 우리나라에서 많이 생산되는 과일 중에 하나로, 초여름에서 한여름까지 다양하게 생산된다. 자두는 초록색, 붉은색, 노란색, 자주색 등 종류가 다양하며 종류에 따라 맛과 향이 조금씩 다르다. 디저트에 제공할 때에는 신선도를 유지하는 것이 가장 중요한데, 씨를 제거하고 파이와 아이스크림 등에 이용하고, 잼이나 젤리를 만들기도 한다.

3) 사과류 _ Apple

사과는 종류도 다양하고, 사용하는 데 일정한 제한이 없다. 디저트에는 날것으로, 잼·젤리·사과 소스와 같이 빠지지 않고 사용된다.

사과는 즙이 풍부하여 즙을 짜낸 다음, 발효시켜 식초나 발효성 음료를 만들어 낸다. 사과에는 펙틴과 섬유질이 풍부하여 콜레스테롤 조절에 효과적이며, 비만치료에도 좋다. 우리가 흔히 알고 있는 사과의 종류는 홍옥, 부사, 국광, 골덴, 멜바, 엠파이어와 같이 그 수를 헤아릴 수 없을 정도로 많다.

4) 배 _ Pear

디저트에 사용하는 방법은 제한이 없으며, 배는 사과와 비교하여 섬유질이 단단하기 때문에 시럽에 삶아서 디저트로 사용하면 더 좋다. 배는 주스, 과즙 음료, 알코올 음료를 만든다. 배는 우리나라에서도 전통요리에 오랫동안 사용해 왔다.

서양에서는 배를 초콜릿과 사용하고, 동양에서는 생강과 사용하고 있다. 특히 소화효소를 다량으로 함유하고 있기 때문에 육류와 함께 먹으면 배탈이 나지 않는다고 한다.

다른 과일에 비하여 단단하고, 씨방 부분은 신맛이 강하다. 배는 아시아배와 서양배로 나뉘는데, 구분이 뚜렷할 정도로 외관상 차이를 보인다.

5) 감귤류 _ Citrus Fruits

오렌지와 귤, 레몬, 라임, 자몽과 같은 과일들은 모두 감귤류의 과일군으로 분류한다. 우리나라는 제주도를 제외하고, 오렌지나 자몽과 같은 과일들이 자라기에 적당한 기후가 아니다. 제주도에 귤이 지금처럼 많이 생산된 시기는 1980년대 이후부터이다.

(1) 오렌지 _ Orange

디저트에서 오렌지는 빠지지 않고 사용되는 과일인데 껍질, 과육, 과즙을 모두 사용한다. 오렌지는 다른 과일에 비해 비타민 C의 함량이 풍부하다.

(2) 레몬 _ Lemon

레몬은 산기가 많으므로 날것을 먹기에는 너무 신맛이 강하다. 그러나 소스나 생선 및 케이크 등을 만드는 데 꼭 필요한 재료이다. 레몬은 신맛이 나는 이상으로 상쾌한 맛을 지니고 있기 때문에 다른 재료의 맛을 살려주는 데는 최상의 과일이다. 레몬 역시 천연 비타민 C의 함량이 풍부하다.

(3) 라임 _ Lime

라임은 기본적으로 레몬과 같은 용도로 사용되지만, 색상에 있어서 그린색을 가지고 있으며 좀 더 상쾌한 느낌을 준다. 이러한 이유 때문에 열대 칵테일에 장식용으로 자주 사용된다. 레몬보다는 적지만, 다른 과일에 비하여는 비타민 C를 많이 함유하고 있다. 라임은 제스트(Zest)를 하였을 때는 오렌지나 레몬이 낼 수 없는 그린색의 시각적 효과를 높여 준다.

(4) 자몽 _ Grapefruit

오렌지나 귤에 비해서 쓴맛이 강한 자몽은 나름대로의 독특한 맛을 지니고 있다. 속은 노랑·핑크·붉은색의 세 가지를 이루고 있으며, 오렌지나 귤보다 크기 때문에 껍질을 까서 먹기보다는 절반을 자른 다음, 스푼으로 떠서 먹는 경우가 많다.

자몽은 속만 웨지형식으로 하여 푸딩이나 커스타드와 곁들이면 훌륭한 가니쉬가 된다.

(5) 귤 _ Mandarin

귤은 오렌지보다 작고 납작하며, 껍질이 쉽게 까지기 때문에 즉석에서 먹기 아주 편리하다. 다른 종류의 씨드레스 과일과 비교해 당도가 높고 질감도 좋다. 우리나라에서는 11월부터 이듬해 1월까지 제주도에서 대량 생산된다.

6) 참외류 _ Melons

멜론은 오이와 호박과에 속하며, 디저트에 사용되는 멜론은 수박이나 참외와 같이 당도가 높은 것들이다. 멜론은 에피타이저에서 염도가 높은 이탈리아 햄에 곁들이는 경우가 많다. 그 이유는, 약간의 짠맛은 단맛과 상호보완관계에 있으므로 한층 더 향상된 새로운 맛을 내기 때문이다. 멜론은 가공하기보다는 그대로 사용하는 것이 일반적이다.

7) 기타 열대과일류 _ Tropical Fruits

열대과일은 각각 다른 독특한 맛을 내며, 디저트에 사용되는 과일은 그 자체로도 큰 호기심을 불러일으킬 뿐만 아니라 맛에 대한 기대감을 자극한다.

오늘날에는 수출입이 자유로워지면서 열대과일은 전 세계적으로 퍼져 나가고 있으며, 우리나라에서도 파인애플이나 바나나와 같이 친숙한 과일들이 풍부하게 유통되고 있다.

(1) 망고 _ Mango

그린에서 노란색의 껍질을 가지고 있으며, 타원형의 둥근 모양을 하고 있다. 망고 살집은 매우 부드럽고 당도가 높으며 향도 그윽하다. 질이 부드럽고 향이 좋기 때문에 샐러드와 셔벗 및 씨리

얼에 곁들이기에 아주 적합하다.

내부는 노란색이 선명하므로 갈아서 망고소스를 만들어 디저트에 곁들이면 완벽한 빛깔을 낼 수 있다. 비타민 A와 비타민 C가 풍부하고, 소화효소가 들어 있다.

(2) 파인애플 _ Pineapple

파인애플은 종류도 다양하고 크기도 가지가지다. 파인애플은 신맛과 단맛이 절묘한 조화를 이루고 주스도 풍부하다. 특히 다른 과일과 비교하여 소화효소 함유량이 많아 질긴 육류를 절일 때에 소량 사용하면 부드러운 고기로 변화시킬 수 있다. 파인애플은 날것으로 혹은 설탕에 절여 말린 것이나 주스 등으로 디저트에 사용할 수 있다.

(3) 바나나 _ Banana

바나나는 껍질이 노란색을 띠고 있으나, 가끔은 붉은색 껍질의 바나나를 볼 수 있다. 일반적으로 바나나는 날것으로 먹지만, 필리핀이나 태국 및 인도네시아와 같이 바나나가 많이 생산되는 국가에서는 구워서 먹기도 한다.

바나나를 디저트에 사용할 때에는 날것으로 사용하는 것이 일반적이나, 버터나 계피향을 곁들여 위스키나 럼주로 플람베(Flambe)하면 바나나 향이 더욱 깊어지고 당도도 높아진다.

바나나는 퓌레를 만들어 아이스크림과 머핀 및 케이크에 넣어서 맛을 내기도 한다. 바나나를 오랫동안 보관하기 위해서 말린 다음에 칩을 만들어 유통시키기도 하는데, 말리는 과정에서 바나나에 당이 농축되기 때문에 칼로리가 높다.

(4) 망고스틴 _ Mangosteen

망고스틴은 붉은색의 향기로운 과일에 속한다. 껍질은 두꺼운 자줏빛 나무질로 되어 있으나, 막상 껍질을 제거하면 매우 부드럽고 주스가 많은 향긋한 속을 내보이게 되는데 이 속을 디저트에 사용한다.

망고스틴의 즙은 동아시아에서 최상의 과일 주스로 여기나, 가장 좋은 방법은 날것을 그대로 먹는 것인데, 이를 위해서 급속 냉동된 망고스틴을 유통시킨다.

살펴본 바와 같이, 과일의 다양한 특색과 종류는 지역이나 기후 등에 따라 매우 다르다. 이러한 과일을 디저트에 어떠한 방법으로 쓰는가에 따라서 또 새롭게 할 수 있다.

Chapter **3**

디저트
실습

Raspberry Granite

라스베리 그라니테

재 료

물 1,000g, 설탕 300g, 레몬 1/2개, 산딸기 퓌레 400g, 레드와인 100g

만 드 는 법

1. 볼에 물, 설탕, 레몬을 넣고 가열한다.

2. 산딸기 퓌레에 ①을 섞는다.

3. ①을 체로 걸러 식힌 후 레드와인을 넣고 볼에 담아 냉동시킨다.

4. 완전히 얼 때까지 거품기로 저어 주며 얼린다.

5. 완전히 얼면 스쿠프로 떠서 장식한다.

Mint Granite 민트 그라니테

재 료

물 600g, 설탕 100g, 민트 잎 30g, 민트술 50g, 레몬 1/2개

만 드 는 법

1. 볼에 물, 설탕, 레몬, 민트 잎을 담아 끓인다.

2. ①을 체로 걸러 식힌 후 민트술을 볼에 담아 냉동시킨다.

3. 가끔씩 완전이 얼기 전까지 거품기로 저어 주며 얼린다.

4. 몰드에 담아 장식한다.

Grapefruit Granite

자몽 그라니테

재 료

자몽 1개, 달걀노른자 4개, 설탕 160g, 화이트와인 10g, 아마레또술 5g

만 드 는 법

1. 자몽 껍질을 제거한 후 접시에 놓는다.
2. 달걀노른자와 설탕을 섞어 기포를 올린다.
3. ②에 화이트와인과 아마레또술을 넣어 사바용 소스를 만든다.
4. ①에 사바용 소스를 넣고 토치로 색을 낸다.
5. 마무리 장식을 한 후 낸다.

Krispy Gratin

004

크리스피 그라탱

재 료

달걀노른자 4개, 설탕 160g, 화이트와인 10g, 아마레또술 5g

크래커 ● 설탕 50g, 중력분 50g, 달걀흰자 45g, 버터 50g, 딸기파우더 10g

만 드 는 법

1. 달걀노른자와 설탕을 섞어 기포를 올린다.
2. ①에 화이트와인과 아마레또술을 넣어 사바용 소스를 만든다.

 1. 설탕, 중력분, 달걀흰자에 녹인 버터를 넣고 섞는다.

    2. 실리콘 페이퍼 위에 모양을 내고 딸기파우더를 뿌려 굽는다.

3. 접시에 과일을 놓고 소스를 뿌린 후 색을 낸다.
4. 구워 놓은 크래커를 장식한다.

Strawberry Marshmallow 딸기 마시멜로

재 료

설탕 300g, 물 120g, 물엿 60g, 젤라틴 25g, 달걀흰자 100g, 딸기시럽 약간

만 드 는 법

1. 설탕과 물, 물엿을 넣고 140℃까지 가열한다.
2. 볼에 달걀흰자를 넣고 휘핑하다가 ①을 천천히 투입한다.
3. 녹인 젤라틴을 ②에 넣는다.
4. 딸기 시럽을 넣고 휘핑을 마무리한다.
5. 바닥에 비닐을 깔고 라프트스노우를 뿌린 후 마시멜로를 얹는다.
6. 마시멜로를 평평하게 한 후 표면에 라프트스노우를 뿌려 놓는다.
7. 마시멜로가 굳으면 적당한 크기로 자르고 라프트스노우를 뿌리고 마무리한다.

Mint Marshmallow

006

민트 마시멜로

재 료

설탕 300g, 물 120g, 물엿 60g, 젤라틴 25g, 달걀흰자 100g, 민트술 약간(g), 민트향 가루 약간(g)

만 드 는 법

1. 설탕과 물, 물엿을 냄비에 넣고 140℃까지 가열한다.

2. 볼에 달걀흰자를 넣고 휘핑하다가 ①을 천천히 투입한다.

3. 녹인 젤라틴을 ②에 넣는다.

4. 민트향 가루와 민트술을 넣고 휘핑을 마무리한다.

5. 바닥에 비닐을 깔고 라프트스노우를 뿌린 후 마시멜로를 얹는다.

6. 마시멜로를 평평하게 한 후 표면에 라프트스노우를 뿌려 놓는다.

7. 마시멜로가 굳으면 적당한 크기로 자르고 라프트스노우를 뿌리고 마무리한다.

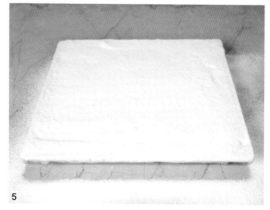

Carrot Muffin

당근 머핀

중력분 300g, 설탕 180g, 버터 120g, 달걀 3개, 우유 120g, 베이킹파우더 10g, 소금 3g, 당근 100g

만 드 는 법

1. 버터, 설탕, 소금을 섞어 준다.
2. ①에 달걀을 천천히 넣으면서 기포를 올린다.
3. 체 친 중력분, 코코아파우더, 베이킹파우더, 우유를 섞는다.
4. ③에 다진 당근을 섞고 속지를 넣은 머핀 틀에 80% 정도 채운다.
5. 170℃ 오븐에서 갈색이 날 때까지 굽는다.

Chocolate Muffin

008

초콜릿 머핀

재 료

중력분 300g, 코코아파우더 20g, 설탕 180g, 버터 120g, 달걀 3개, 우유 150g, 베이킹파우더 10g, 소금 3g, 초콜릿 칩 80g

만 드 는 법

1. 버터, 설탕, 소금을 섞어 준다.

2. ①에 달걀을 천천히 넣으면서 기포를 올린다.

3. 체 친 중력분, 코코아파우더, 베이킹파우더, 우유를 섞는다.

4. ③에 초콜릿 칩을 섞고 속지를 끼운 머핀 틀에 80% 정도 채운다.

5. 표면에 초콜릿 칩을 뿌려 준다.

6. 170℃ 오븐에서 갈색이 날 때까지 굽는다.

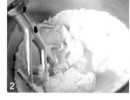

Cranberry Muffin

009

크랜베리 머핀

재 료

중력분 300g, 설탕 180g, 버터 120g, 달걀 3개, 우유 150g, 베이킹파우더 10g, 소금 3g, 크랜베리 120g

만 드 는 법

1. 버터, 설탕, 소금을 섞어 준다.

2. ①에 달걀을 천천히 넣으면서 기포를 올린다.

3. 체 친 중력분, 코코아파우더, 베이킹파우더, 우유를 섞는다.

4. ③에 전처리한 크랜베리를 섞고 속지를 깐 머핀 틀에 80% 정도 채운다.

5. 표면에 크랜베리를 뿌려 준다.

6. 170℃ 오븐에서 갈색이 날 때까지 굽는다.

Montblance 몽블랑

재 료

마롱페이스트 1200g, 버터 120g, 바닐라 푸딩 240g, 럼 45g, 슈거파우더 약간

몽블랑 크림 ● 마롱페이스트 400g, 달걀노른자 240g, 설탕 220g, 판 젤라틴 18g, 럼 100g, 생크림 1,000g, 우유 200g, 슈거도우 100g

만 드 는 법

1. 마롱페이스트에 버터, 바닐라 푸딩을 넣고 섞은 다음 럼주로 향과 맛을 내어 마롱 크림을 만든다.
2. 달걀노른자에 설탕을 넣고 중탕으로 기포를 올리면서 럼을 조금씩 투입한다.
3. 데운 우유를 ②에 넣는다.
4. ①의 필링에 불려둔 젤라틴을 넣고 섞는다.
5. 휘핑한 생크림을 ③에 넣고 섞은 후 돔형 실리콘 몰드에 짜 넣고 냉동실에 얼린다.
6. ⑤를 타트 위에 올린 후 몽블랑 크림을 짜고 슈거파우더를 뿌려 마무리 한다.

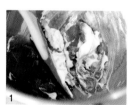

Strawberry Mousse 011

딸기 무스

재 료

딸기 퓌레 1,000g, 달걀흰자 300g, 설탕 300g, 생크림(화인휘프) 1,000g, 젤라틴 30g, 럼 10g, 화이트초콜릿 300g, 레몬주스 30g, 키어시(kirsh)술 20g, 스펀지 1장

만 드 는 법

1. 딸기 퓌레를 볼에 담고 불에서 살균을 시킨다.
2. 젤라틴은 찬물에 불리어 녹여 놓는다.
3. 생크림은 거품을 70% 정도 내고, 이탈리아 머랭을 만들어 놓는다.
4. ①에 생크림과 머랭, 젤라틴, 럼, 키어시, 녹인 화이트초콜릿, 젤라틴 순으로 섞는다.
5. 준비한 스펀지 위에 틀을 놓고 무스 필링을 넣는다.
6. 필링이 굳으면 생크림으로 장식한다.

Mango Mousse

012

망고 무스

재 료

망고 퓌레 1,000g, 설탕 420g, 달걀흰자 5개, 생크림(화인휘프) 1000g, 젤라틴 50g, 럼 10g, 스펀지 1장

코팅 ● 망고 퓌레 200g, 물 400g, 설탕 250g, 젤라틴 25g

만 드 는 법

1. 망고 퓌레를 볼에 담고 불에서 살균을 시킨다.
2. 젤라틴은 찬물에 불려 녹여 놓는다.
3. 생크림은 거품을 70% 정도 내고, 이탈리아 머랭을 만들어 놓는다.
4. ①에 생크림과 머랭, 젤라틴, 럼 순으로 섞는다.
5. 준비한 스펀지 위에 틀을 놓고 무스 필링을 넣는다.
6. 필링이 굳으면 코팅을 위에 씌운다.

 코팅
1. 망고 퓌레, 설탕, 물을 섞어 80℃로 가열한다.
2. ①에 녹인 젤라틴을 넣고 식힌다.
3. 필링이 굳으면 표면에 코팅을 씌운다.

Raspberry Mousse

013

산딸기 무스

재 료

산딸기 퓌레 1,000g, 설탕 420g, 달걀흰자 5개, 생크림(화인휘프) 1,000g, 젤라틴 50g, 럼 10g, 화이트초콜릿 100g

코팅 ● 딸기 시럽 120g, 물 400g, 설탕 250g, 젤라틴 25g

만 드 는 법

1. 산딸기 퓌레를 볼에 담고 불에서 살균시킨다.

2. 젤라틴은 찬물에 불려 녹여 놓는다.

3. 생크림은 거품을 70% 정도 내고, 이탈리아 머랭을 만들어 놓는다.

4. ①에 생크림과 머랭, 젤라틴, 럼, 녹인 화이트초콜릿 순으로 넣어 섞는다.

5. 준비한 틀에 필링을 넣는다.

6. 필링이 굳으면 코팅을 위에 씌운다.

1. 딸기 시럽, 설탕, 물을 섞어 80℃로 가열한다.

    2. ①에 녹인 젤라틴을 넣고 식힌다.

3. 필링이 굳으면 코팅을 씌운다.

014

Coconut Mousse

코코넛 무스

재 료

코코넛 퓌레 1,000g, 설탕 420g, 달걀흰자 5개, 생크림(화인휘프) 1,000g, 젤라틴 50g, 럼 10g, 스펀지 1장

코팅 ● 코코넛 퓌레 120g, 물 40g, 설탕 250g, 젤라틴 25g

만 드 는 법

1. 코코넛 퓌레를 볼에 담고 불에서 살균시킨다.

2. 젤라틴은 찬물에 불려 녹여 놓는다.

3. 생크림은 거품을 70% 정도 내고, 이탈리아 머랭을 들어 놓는다.

4. ①에 생크림과 머랭, 젤라틴, 럼 순으로 섞는다.

5. 준비한 스펀지 위에 틀을 놓고 무스 필링을 넣는다.

6. 필링이 굳으면 코팅을 위에 씌운다.

 코 팅

     1. 코코넛 퓌레, 설탕, 물을 섞어 80℃로 가열한다.

     2. ①에 녹인 젤라틴을 넣고 식힌다.

3. 필링이 굳으면 표면에 코팅을 씌운다(코코넛 무스 표면에 코코아파우더를 뿌리고 미르와를 바르기
도 한다).

Mille-feuille 밀푀유

015

재 료

도우 ● 강력분 1,100g, 소금 15g, 마가린 150g, 달걀 4개, 물 510g, 마가린(충전용) 900g, 슈거파우더 30g, 과일 100g

커스터드 크림 ● 우유 300g, 달걀노른자 2개, 설탕 75g, 옥수수전분 30g, 버터 18g, 럼 10g

만 드 는 법

1. 강력분, 소금, 마가린, 달걀, 물로 반죽을 한다.

2. ①반죽에 충전용 마가린을 넣고 3×4cm로 접어서 퍼프도우를 만든다.

3. 퍼프도우를 2~3mm로 밀어 편 후 냉동고에 얼린다.

4. 적당한 크기로 자른 후 실리콘페이퍼를 깔고 굽는다.

5. 구워진 도우 사이에 커스터드 크림과 과일을 끼운다.

6. 밀푀유 윗면에 슈거파우더를 뿌리고 장식한다.

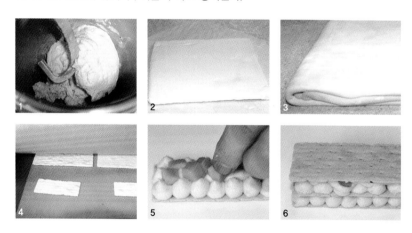

1. 볼에 설탕, 옥수수전분을 넣고 거품기로 잘 섞은 다음 달걀 노른자를 넣고 다시 섞는다.

2. 다른 용기에 우유를 넣어 80°C 정도로 데운다.

3. 데운 우유를 ①에 넣고 골고루 섞는다.

4. 센 불에 올려 바닥이 눋지 않게 잘 저어 주면서 호화시킨다.

5. 뜨거울 때 버터를 넣어 부드러운 크림상태로 만든다.

6. 식힌 후 럼주를 넣어 잘 섞어 준다.

Bavarois 바바루아

016

재 료

우유 600g, 설탕 300g, 달걀노른자 9개, 젤라틴 40g, 휘핑크림 600g, 그랜마니아(오렌지술) 15g

만 드 는 법

1. 우유를 중탕으로 데운다.

2. 젤라틴을 찬물에 불려 ①에 투입한다.

3. 달걀노른자와 설탕을 섞은 후 ②에 투입한다.

4. 휘핑한 생크림을 ③을 섞어 필링을 완성한다.

5. 그랜마니아를 넣고 몰드에 굳힌 다음 마무리한다.

Mint Bavarois

민트 바바루아

재 료

우유 600g, 설탕 300g, 달걀노른자 9개, 젤라틴 40g, 휘핑크림 600g, 민트술 15g

만 드 는 법

1. 우유를 중탕으로 데운다.

2. 젤라틴을 찬물에 불려 ①에 투입한다.

3. 달걀노른자와 설탕을 섞은 후 ②에 투입한다.

4. 휘핑한 생크림에 ③을 섞어 필링을 완성한다.

5. 민트술를 넣고 몰드에 굳힌 다음 마무리한다.

Strawberry Bavarois

018

딸기 바바루아

재 료

우유 600g, 설탕 300g, 달걀노른자 9개, 젤라틴 40g, 휘핑크림 600g, 딸기 시럽 20g

만 드 는 법

1. 우유를 중탕으로 데운다(80℃).
2. 젤라틴을 찬물에 불리어 ①에 투입한다.
3. 달걀노른자와 설탕을 섞은 후 ②에 투입한다.
4. 휘핑한 생크림을 ③에 넣고 필링을 완성한다.
5. 딸기 시럽을 넣고 몰드에 굳힌 다음 마무리한다.

Bread Pudding

브레드 푸딩

재 료

우유 600g, 달걀 6개, 설탕 90g, 소금 약간, 바닐라 시럽 약간, 크랜베리 약간, 식빵 100g, 버터 약간

만드는 법

1. 볼에 버터를 바르고 설탕을 묻힌다.

2. 달걀을 설탕, 소금과 함께 풀어 준 후 우유와 바닐라 시럽을 섞어 필링을 만든다.

3. 볼에 식빵을 적당한 크기로 넣고 필링을 넣는다.

4. 크랜베리를 표면에 뿌리고 200℃ 오븐에서 굽는다.

5. 오븐에서 구운 후 표면에 살구잼을 발라 준다.

Tip 프루트 칵테일을 뿌려 주면 더욱 맛있는 브레드 푸딩을 만들 수 있다.

Cre'me Brulee

020

크렘브륄레

재 료

설탕 60g, 달걀노른자 4개, 생크림 500g, 럼 20g

만 드 는 법

1. 생크림을 80℃까지 데운다.

2. 달걀노른자를 풀어 준 후 설탕을 넣고 섞는다.

3. ②에 ①을 천천히 흘려 넣으며 섞는다.

4. ③에 럼을 넣고 10분 정도 휴지시킨다.

5. 접시에 필링을 넣고 160℃ 오븐에서 중탕으로 15분 정도 굽는다.

6. 완성된 브륄레 표면에 설탕을 뿌리고 토치램프로 갈색을 내어 완성한다.

Tip 크렘브륄레와 아이스크림을 곁들여 먹으면 더욱 좋은 맛을 느낄 수 있다.

Sweet Potato Cre'me Brulee 고구마 크렘브륄레

재 료

설탕 60g, 달걀노른자 4개, 생크림 500g, 고구마 100g, 럼 20g

만 드 는 법

1. 생크림을 80℃까지 데운다.

2. 달걀노른자를 풀어 준 후 설탕을 넣고 섞는다.

3. ②에 ①을 천천히 흘려 넣으며 섞는다.

4. 고구마를 체에 거른 후 ③과 섞는다.

5. ③에 럼을 넣고 10분 정도 휴지시킨다.

6. 접시에 필링을 넣고 160℃ 오븐에서 중탕으로 15분 정도 굽는다.

7. 완성된 브륄레 표면에 설탕을 뿌리고 토치램프로 갈색을 내어 완성한다.

Apple Cre'me Brulee

022

사과 크렘브륄레

재 료

설탕 60g, 달걀노른자 4g, 생크림 500g, 럼 20g, 사과 1개, 시나몬파우더 2g, 설탕 30g, 버터 10g

만 드 는 법

1. 생크림을 80℃까지 데운다.

2. 달걀노른자를 풀어 준 후 설탕을 넣고 섞는다.

3. ②에 ①을 천천히 흘려 넣으며 섞는다.

4. ③에 럼을 넣고 10분 정도 휴지시킨다.

5. 사과를 다이스로 잘라 팬에 설탕, 버터를 넣고 볶다가 시나몬파우더를 섞어 준다.

6. 접시에 볶은 사과와 필링을 넣어 160℃ 오븐에서 중탕으로 15분 정도 굽는다.

7. 완성된 브륄레 표면에 설탕을 뿌리고 토치램프로 갈색을 내어 완성한다.

Chlorella Cre'me Brulee

클로렐라 크렘브륄레

023

재 료

설탕 60g, 달걀노른자 4개, 생크림 500g, 클로렐라가루 8g, 럼 20g

만 드 는 법

1. 생크림을 80℃까지 데운다.
2. 달걀노른자를 풀어 준 후 설탕을 넣고 섞는다.
3. 클로렐라가루를 풀어 섞는다.
4. ②에 ①을 천천히 흘려 넣으며 섞는다.
5. ③에 럼을 넣고 10분 정도 휴지시킨다.
6. 그릇에 필링을 넣고 160℃ 오븐에서 중탕으로 15분 정도 굽는다.
7. 완성된 브륄레 표면에 설탕을 뿌리고 토치램프로 갈색을 내어 완성한다.

Wasabi Cre'me Brulee

024

고추냉이 크렘브륄레

재 료

설탕 60g, 달걀노른자 4개, 생크림 500g, 고추냉이가루 8g, 럼 20g

만 드 는 법

1. 생크림을 80℃까지 데우고 고추냉이가루를 섞는다.

2. 달걀노른자를 풀어 준 후 설탕을 넣고 섞는다.

3. ②에 ①을 천천히 흘려 넣으며 섞는다.

4. ③에 럼을 넣고 10분 정도 휴지시킨다.

5. 접시에 필링을 넣고 160℃ 오븐에서 중탕으로 15분 정도 굽는다.

6. 완성된 브륄레 표면에 설탕을 뿌리고 토치램프로 갈색을 내어 완성한다.

Chocolate Cre'me Brulee 초콜릿 크렘브륄레

재 료

설탕 180g, 달걀노른자 220개, 생크림 720g, 우유 370g, 럼 20g, 다크초콜릿 180g, 코코아파우더 12g, 바닐라빈 1조각

만 드 는 법

1. 생크림, 우유, 바닐라 빈을 넣고 80℃까지 끓인다.

2. 달걀노른자와 설탕을 섞어 하얗게 될 때까지 기포한 후 ①을 넣고 섞는다.

3. ②를 80℃까지 가열한 후 초콜릿과 코코아파우더를 넣고 체로 거른다.

4. 용기에 필링을 80%만 담는다.

5. 완성된 브륄레 표면에 설탕을 뿌리고 토치램프로 갈색을 내어 완성한다.

Coffee Cre'me Brulee

026

커피 크렘브륄레

재 료

설탕 60g, 달걀노른자 4개, 생크림 500g, 커피파우더 8g, 럼 20g, 깔루아술 10g

만 드 는 법

1. 생크림을 80℃까지 데운다.

2. 달걀노른자를 풀어 준 후 설탕을 넣고 섞는다.

3. ②에 ①을 천천히 흘려 넣으며 섞는다.

4. ③에 럼을 넣고 10분 정도 휴지시키고, 커피파우더를 넣어 섞는다.

5. 접시에 필링을 넣고 160℃ 오븐에서 중탕으로 15분 정도 굽는다.

6. 완성된 브륄레 표면에 설탕을 뿌리고 토치램프로 갈색을 내어 완성한다.

Carrot Cake 당근 케이크

재 료

키어시(kirsch)술 24g, 아몬드파우더 480g, 설탕(A) 400g, 달걀노른자 24개, 케이크가루 120g, 중력분 200g,

베이킹파우더 20g, 달걀흰자 18개, 설탕(B) 320g, 당근 560g, 생크림 1kg, 딸기시럽 약간

만 드 는 법

1. 당근을 곱게 갈아 놓는다.

2. 달걀노른자와 설탕(A)을 넣고 기포를 올린다.

3. 달걀흰자와 설탕(B)을 넣고 강한 머랭을 만든다.

4. ②에 머랭 1/2을 섞고 아몬드파우더, 케이크가루, 중력분, 베이킹파우더를 채 친 후 함께 섞는다.

5. 나머지 머랭과 다진 당근을 넣고 가볍게 섞은 후 팬에 유산지를 깔고 반죽을 편 후 200℃ 오븐에서 굽는다.

6. 당근스펀지가 식으면 생크림과 딸기시럽으로 딸기크림을 만든다.

7. 스펀지에 키어시술을 뿌리고 딸기크림을 샌드한 후 윗면에 당근스펀지를 말려 가루를 내어 뿌린다.

8. 사각으로 자른 후 마무리한다.

Meringue Cheese Cake 머랭치즈케이크

028

재 료

크림치즈 2kg, 설탕 500g, 달걀 10개, 레몬 2개, 전분 65g, 달걀흰자 100g, 설탕 200g, 요구르트, 여러 과일

만 드 는 법

1. 치즈와 설탕을 넣고 크림화한다.

2. ①에 달걀을 조금씩 넣어 섞어 준다.

3. 위에 요구르트와 레몬을 넣고 전분을 넣어 필링을 완성한다.

4. 몰드에 스펀지를 깔고 반죽을 부어 200℃ 오븐에 굽는다.

5. 이탈리안 머랭을 케이크 전체에 바르고 자연스럽게 터치하여 모양을 내고 과일로 장식한다.

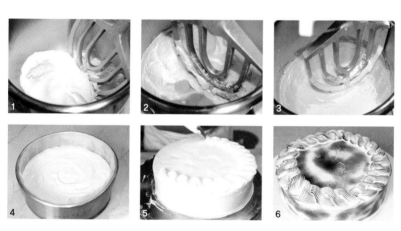

Black Forest Cake

029

블랙포리스트 케이크

재 료

휘핑크림 1,000g, 체리파이 필링 300g, 초콜릿스펀지 3장, 다크체리 150g, 다크초콜릿 150g

만 드 는 법

1. 초콜릿스펀지를 삼등분하고 두 장을 한 세트로 하여 준비한다.

2. 초콜릿스펀지 위에 생크림을 바르고 체리파이 필링을 넣고 샌드한다.

3. 생크림으로 바른 후 브로섬 다크초콜릿을 옆면에 장식한다.

4. 윗면을 체리로 마무리한다.

Blueberry Cheese Cake 블루베리 치즈케이크

재 료

크림치즈 1300g, 설탕 360g, 달걀 7개, 버터 70g, 휘핑크림 100g, 우유 100g, 중력분 150g, 레몬주스 20g, 럼 30g,
블루베리파이 필링 1캔

만 드 는 법

1. 믹싱 볼에 크림치즈, 버터를 넣고 크림화한다.

2. ①에 달걀노른자를 2~3회 나누어 넣으면서 크림화한다.

3. 휘핑크림, 우유, 레몬주스를 저속으로 섞어 준다.

4. 달걀흰자에 기포를 올려 설탕을 넣고 강한 머랭을 만든다.

5. 반죽에 ④의 머랭을 넣고 천천히 섞어 준다.

6. 틀에 반죽이 붙지 않도록 유산지를 바르고 스펀지에 블루베리를 넣는다.

7. 치즈케이크 틀에 70% 정도 채워 170℃ 오븐에서 중탕으로 50분 정도 구워낸다.

8. 구워진 치즈케이크가 식으면 생크림을 바른 후 블루베리로 장식한다.

Fresh Cream Cake

031

생크림 케이크

재 료

화이트스펀지 3장, 생크림 1000g, 슈거파우더 150g, 아몬드슬라이스 300g, 여러 과일

만 드 는 법

1. 화이트스펀지를 삼등분하고 두 장을 한 세트로 준비한다.

2. 스펀지 위에 생크림을 바르고 과일을 샌드하여 아이싱한다.

3. 아이싱한 케이크 위에 여러 가지 과일로 장식하여 마무리한다.

Chiffon Cake 시폰 케이크

재 료

박력분 150g, 달걀노른자 5개, 설탕 60g, 소금 1.2g, 베이킹파우더 4.8g, 소다 2.4g, 샐러드오일 96g, 우유 60g,
달걀흰자 5개, 설탕 96g

만 드 는 법

1. 달걀노른자에 설탕을 넣고 기포를 올린다.
2. 위에 샐러드오일을 조금씩 넣어가면서 천천히 섞어 준다.
3. ②에 우유를 조금씩 넣어가면서 섞어 준다.
4. 흰자에 설탕을 넣고 강한 머랭을 만들어 ③에 반을 넣고 섞어 준다.
5. 위에 밀가루, 베이킹파우더, 소다를 가볍게 섞어 준다.
6. 나머지 머랭을 넣고 섞은 후 틀에(시폰 틀 안쪽에 스프레이로 물을 살짝 뿌려줌) 반죽을 80% 정도 담아 젓가
   락으로 저어 주고 160℃의 오븐에서 약 45분간 굽는다.
7. 오븐에서 꺼낸 시폰 틀을 뒤집어서 식힌 다음 시폰 틀을 뺀다.
8. 크림으로 데커레이션하여 마무리한다.

American Cheese Cake 아메리칸 치즈케이크

033

재 료

크림치즈 1500g, 설탕 220g, 달걀 7개, 중력분 160g, 우유 400g, 소금 4g, 레몬주스 40g

토핑 ● 설탕 70g, 크림치즈 400g, 레몬주스 60g, 생크림 100g, 우유 50g, 젤라틴 8g

만 드 는 법

1. 크림치즈와 설탕, 소금을 볼에 넣고 부드러운 크림상태로 만든다.

2. ①에 달걀을 조금씩 흘려 넣고 부드럽게 크림화한다.

3. ②의 반죽에 우유와 레몬주스를 넣는다.

4. ③에 체 친 중력분을 넣고 천천히 섞어 준다.

5. 치즈케이크팬에 퍼프패스트리를 깔고 ④반죽을 넣는다.

6. 170℃의 오븐에서 40분간 굽는다.

토 핑

1. 크림치즈와 설탕을 볼에 넣고 따뜻한 물로 데워 부드럽게 풀어 준다.

2. 생크림과 레몬주스를 넣고 섞어 준다. 녹인 젤라틴을 고르게 섞어 주고 우유로 되기를 조절한다.

3. 굽기가 완료되고 치즈케이크가 완전히 식으면 윗면에 살짝 토핑한다.

Chocolate Cake

034

초콜릿 무스케이크

재 료

다크초콜릿 700g, 설탕 150g, 달걀흰자 8개, 물 100g, 젤라틴 30g, 달걀노른자 8개, 설탕 50g, 화이트와인 100g, 초콜릿스펀지 1장, 생크림 800g, 코인트루 50g

만 드 는 법

1. 달걀흰자에 끓인 설탕(114~118g)을 부으면서 이탈리안 머랭을 만든다.
2. 중탕으로 달걀노른자에 설탕과 와인을 넣고 기포를 올린다.
3. 생크림을 휘핑하여 ①과 ②를 섞고 녹인 초콜릿, 젤라틴과 코인트루를 넣은 후 반죽을 완성한다.
4. 무스 틀에 초콜릿스펀지를 넣고 반죽을 넣어서 냉동고에서 굳힌다.
5. 초콜릿 무스를 글라사주로 코팅한 후 마무리한다.

Souffle Cheese Cake

035

수플레 치즈케이크

재 료

크림치즈 1,200g, 설탕 360g, 달걀 7개, 버터 60g, 휘핑크림 100g, 우유 100g, 중력분 160g, 레몬주스 20g, 럼 20g, 스펀지 1장

만 드 는 법

1. 믹싱 볼에 크림치즈, 버터를 넣고 크림화한다.
2. ①에 달걀노른자를 2~3회 나누어 넣으면서 크림화한다.
3. 휘핑크림, 우유, 레몬주스를 저속으로 섞어 준다.
4. 달걀흰자에 기포를 올려 설탕을 넣고 강한 머랭을 만든다.
5. 반죽에 ④의 머랭을 넣고 천천히 섞어 준다.
6. 틀에 반죽이 붙지 않도록 유산지를 바르고 스펀지에 블루베리를 넣는다.
7. 치즈케이크 틀에 70% 정도 채워 170℃ 오븐에서 중탕으로 50분 정도 구워낸다.
8. 구워진 치즈케이크가 식으면 미르와를 바른다.

Nuts Biscotti Cookies

036

넛 비스코티 쿠키

재 료

달걀 9개, 설탕 600g, 호두 200g, 중력분 1,200g, 베이킹파우더 30g, 샐러드유 360g, 마카다미아 200g, 잣 100g

만 드 는 법

1. 달걀노른자에 설탕을 넣고 거품을 낸 후 흰자 머랭을 1/3 정도 섞는다.

2. ①에 중력분, 베이킹파우더, 샐러드유를 넣고 섞는다.

3. 나머지 머랭을 넣고 섞는다.

4. 호두, 마카다미아, 잣을 다져서 ②에 넣는다.

5. 반죽을 오븐에서 초벌구이를 한 후 칼로 자르고 다시 오븐에서 굽는다.

Coffee Biscotti Cookies
커피 비스코티 쿠키

재 료

달걀 5개, 설탕 300g, 중력분 600g, 베이킹파우더 15g, 샐러드유 180g, 커피 시럽 적당량

만 드 는 법

1. 달걀노른자에 설탕을 넣고 거품을 낸 후 흰자 머랭을 1/3 정도 섞는다.

2. ①에 중력분, 베이킹파우더, 샐러드유를 넣고 섞는다.

3. 나머지 머랭을 넣고 혼합한다.

4. 커피 시럽을 ②에 넣는다.

5. 반죽을 오븐에서 초벌구이한 후 칼로 자르고 다시 오븐에서 굽는다.

Cranberry Biscotti Cookies 크랜베리 비스코티 쿠키

038

재 료

달걀 9개, 설탕 600g, 크랜베리 300g, 중력분 1250g, 베이킹파우더 30g, 샐러드유 350g

만 드 는 법

1. 달걀노른자에 설탕을 넣고 거품을 낸 후 흰자 머랭을 1/3 정도 섞는다.
2. ①에 중력분, 베이킹파우더, 샐러드유를 넣고 섞는다.
3. 나머지 머랭을 넣고 혼합한다.
4. 전처리한 크랜베리를 ②에 넣는다.
5. 반죽을 오븐에서 초벌구이한 후 칼로 자르고 다시 오븐에서 굽는다.

Sauted Strawberry in Cabernet Sauvignoon & Vanilla Ice Cream, Sugar Stick

까비넷쇼비뇽 소스에 딸기, 바닐라아이스크림과 슈거스틱

재 료

까비넷쇼비뇽와인(레드와인) 340g, 설탕 75g, 전분 10g, 바닐라빈 1개, 딸기 100g

만 드 는 법

1. 냄비에 까비넷쇼비뇽와인, 설탕, 바닐라빈을 넣고 가열한다.
2. ①이 끓으면 전분을 풀어 넣고 농도를 맞춘다.
3. 볼에 딸기를 넣고 쇼비뇽 소스와 아이스크림, 슈거스틱을 함께 서브한다.

Tip 딸기가 없으면 산딸기로 대신할 수 있다.

040

Hot Souffle 핫 수플레

재 료

중력분 50g, 버터 50g, 달걀흰자 4개, 달걀노른자 4개, 설탕 50g, 우유 300g, 슈거파우더 약간

만 드 는 법

1. 수플레 몰드 안쪽에 버터를 바르고 설탕을 묻혀 놓는다.

2. 팬에 버터를 녹인 후 밀가루를 넣고 볶는다.

3. 우유를 2~3회 정도 나누어 넣으며 섞는다.

4. 팬을 불에서 내린 후 달걀노른자를 섞는다.

5. 설탕과 달걀노른자로 머랭을 만든 후 ③과 함께 섞는다.

6. 몰드에 70% 정도 채운 후 160℃ 오븐에서 중탕으로 20분 정도 굽는다.

7. 구운 수플레에 슈거파우더를 뿌리고 소스와 함께 서브한다.

Strawberry Hot Souffle

딸기 핫 수플레

재 료

중력분 50g, 버터 50g, 달걀흰자 4개, 달걀노른자 4개, 설탕 50g, 우유 300g, 딸기 약간, 딸기 시럽 약간, 딸기 소스 약간, 슈거파우더 약간

만 드 는 법

1. 수플레 몰드 안쪽에 버터를 바르고 설탕을 묻혀 놓는다.
2. 팬에 버터를 녹인 후 밀가루를 넣고 볶는다.
3. 우유를 2~3회 정도 나누어 넣으며 섞는다.
4. 팬을 불에서 내려 달걀노른자를 섞는다.
5. 딸기 시럽을 섞는다.
6. 설탕과 달걀흰자로 머랭을 만든 후 ③과 함께 섞는다.
7. 몰드 바닥에 딸기를 깔고 70% 정도 채운 후 160℃ 오븐에서 중탕으로 20분 정도 굽는다.
8. 구운 핫 수플레에 딸기 소스와 함께 서브한다.

Choco Hot Souffle

042

초콜릿 핫 수플레

재 료

중력분 50g, 버터 50g, 달걀흰자 4개, 달걀노른자 4개, 설탕 50g, 우유 300g, 초콜릿 약간, 초콜릿 소스 약간, 슈거파우더 약간

만 드 는 법

1. 수플레 몰드 안쪽에 버터를 바르고 설탕을 묻혀 놓는다.

2. 팬에 버터를 녹인 후 밀가루를 넣고 볶는다.

3. 우유를 2~3회 정도 나누어 넣으며 섞는다.

4. 팬을 불에서 내려 달걀노른자를 섞는다.

5. 녹인 초콜릿을 섞는다.

6. 설탕과 달걀노른자로 머랭을 만든 후 ③과 함께 섞는다.

7. 몰드 바닥에 초콜릿을 깔고 70% 정도 채운 후 160℃ 오븐에서 중탕으로 20분 정도 굽는다.

8. 구운 수플레에 슈거파우더를 뿌리고 초콜릿 소스와 함께 서브한다.

Raspberry Hot Souffle

산딸기 핫 수플레

재 료

중력분 50g, 버터 50g, 달걀흰자 4개, 달걀노른자 4개, 설탕 50g, 우유 300g, 산딸기 약간, 산딸기 퓌레 약간, 슈거파우더 약간

만 드 는 법

1. 수플레 몰드 안쪽에 버터를 바르고 설탕을 묻혀 놓는다.
2. 팬에 버터를 녹인 후 밀가루를 넣고 볶는다.
3. 우유를 2~3회 정도 나누어 넣으며 섞는다.
4. 팬을 불에서 내려 노른자를 섞는다.
5. 산딸기 퓌레를 섞는다.
6. 설탕과 달걀노른자로 머랭을 만든 후 ③과 함께 섞는다.
7. 몰드 바닥에 산딸기를 깔고 70% 정도 채운 후 160℃ 오븐에서 중탕으로 20분 정도 굽는다.
8. 구운 핫 수플레에 슈거파우더를 뿌리고 산딸기 퓌레와 함께 서브한다.

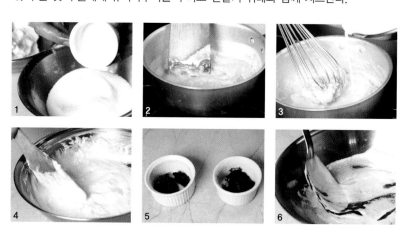

Orange Hot Souffle

044

오렌지 핫 수플레

재 료

중력분 50g, 버터 50g, 달걀흰자 4개, 달걀노른자 4개, 설탕 50g, 우유 300g, 그랜마니아 약간, 오렌지 소스 약간

만 드 는 법

1. 수플레 몰드 안쪽에 버터를 바르고 설탕을 묻혀 놓는다.

2. 팬에 버터를 녹인 후 밀가루를 넣고 볶는다.

3. 우유를 2~3회 정도 나누어 넣으며 섞는다.

4. 팬을 불에서 내려 달걀노른자를 섞는다.

5. 그랜마니아를 섞는다.

6. 설탕과 노른자로 머랭을 만든 후 ③과 함께 섞는다.

7. 몰드 바닥에 오렌지필을 깔고 70% 정도 채운 후 160℃ 오븐에서 중탕으로 20분 정도 굽는다.

8. 구운 핫 수플레에 오렌지 소스와 함께 서브한다.

Grapefruits Hot Souffle

자몽 핫 수플레

재 료

중력분 50g, 버터 50g, 달걀흰자 4개, 달걀노른자 4개, 설탕 50g, 우유 300g, 자몽주스 약간, 자몽 1개, 자몽 소스 약간, 슈거파우더 약간

만 드 는 법

1. 수플레 몰드 안쪽에 버터를 바르고 설탕을 묻혀 놓는다.
2. 팬에 버터를 녹인 후 밀가루를 넣고 볶는다.
3. 우유를 2~3회 정도 나누어 넣으며 섞는다.
4. 팬을 불에서 내려 달걀노른자를 섞는다.
5. 자몽주스를 섞는다.
6. 설탕과 노른자로 머랭을 만든 후 ③과 함께 섞는다.
7. 몰드 바닥에 자몽을 깔고 70% 정도 채운 후 160℃ 오븐에서 중탕으로 20분 정도 굽는다.
8. 구운 핫 수플레에 슈거파우더를 뿌리고 자몽 소스와 함께 서브한다.

Mango Hot Souffle

망고 핫 수플레

재 료

중력분 50g, 버터 50g, 달걀흰자 4개, 달걀노른자 4개, 설탕 50g, 우유 300g, 망고주스 약간, 망고 약간, 망고 소스 약간

만 드 는 법

1. 수플레 몰드 안쪽에 버터를 바르고 설탕을 묻혀 놓는다.

2. 팬에 버터를 녹인 후 밀가루를 넣고 볶는다.

3. 우유를 2~3회 정도 나누어 넣으며 섞는다.

4. 팬을 불에서 내려 노른자를 섞는다.

5. 망고주스를 섞는다.

6. 설탕과 달걀노른자로 머랭을 만든 후 ③과 함께 섞는다.

7. 몰드바닥에 망고를 깔고 70% 정도 채운 후 160℃ 오븐에서 중탕으로 20분 정도 굽는다.

8. 구운 수플레에 소스와 함께 낸다.

Chou Cream 슈크림

047

재 료

강력분 280g, 중력분 120g, 달걀 13개, 물 640g, 버터 280g, 소금 4g

커스터드 크림 ● 우유 300g, 달걀노른자 2개, 설탕 75g, 옥수수전분 30g, 버터 18g, 럼 10g

만 드 는 법

1. 냄비에 물과 소금, 버터를 넣고 끓인다.

2. 채 친 밀가루를 덩어리가 생기지 않도록 ①에 넣고 충분히 볶는다.

3. 볶아진 반죽을 불에서 내려 믹싱 볼에 넣고 달걀을 천천히 넣으며 섞는다.

4. 윤기가 나고 매끈한 상태가 되도록 충분히 섞어 반죽을 완성한다.

5. 팬에 쇼트닝을 바르고 짤 주머니에 둥근모양 깍지를 넣어 일정한 간격으로 짠다.

6. 반죽 위에 스프레이로 물을 충분히 뿌려 준 후 200℃의 오븐에서 굽는다.

7. 구워진 슈 안에 커스터드 크림을 넣고 완성한다.

8. 완성된 슈 위에 초콜릿이나 화이트 혼당으로 마무리한다.

1. 볼에 설탕, 옥수수전분을 넣고 거품기로 잘 섞은 다음 달걀노른자를 넣고 다시 섞는다.
2. 다른 용기에 우유를 넣어 80℃ 정도로 데운다.

3. 데운 우유를 ①에 넣고 골고루 섞는다.

4. 센 불에 올려 바닥이 눋지 않게 잘 저어 주면서 호화시킨다.

5. 뜨거울 때 버터를 넣어 부드러운 크림상태로 만든다.

6. 식힌 후 럼주를 넣어 잘 섞어 준다.

Choux Cake 슈 케이크

048

재 료

강력분 280g, 중력분 120g, 달걀 13개, 물 640g, 버터 280g, 소금 4g

커스터드 크림 ● 우유 300g, 달걀노른자 2개, 설탕 75g, 옥수수전분 30g, 버터 18g, 럼 10g

만 드 는 법

1. 냄비에 물과 소금 버터를 넣고 끓인다.

2. 채 친 밀가루를 덩어리가 생기지 않도록 ①에 넣고 충분히 볶는다.

3. 볶아진 반죽을 불에서 내려 믹싱 볼에 넣고 달걀을 천천히 넣으며 섞는다.

4. 윤기가 나고 매끈한 상태가 되도록 충분히 섞어 슈 반죽을 완성한다.

5. 팬에 쇼트닝을 바르고 짤주머니에 둥근모양 깍지를 넣어 일정한 간격으로 짠다.

6. 반죽 위에 스프레이로 물을 충분히 뿌려 준 후 200℃의 오븐에서 굽는다.

7. 구워진 슈 안에 커스터드 크림을 넣고 완성한다.

8. 퍼프패스트리 도우를 원형으로 자른 다음 아몬드 크림을 짜서 굽는다.

9. 구워진 도우에 슈를 보기 좋게 쌓은 후 슈거파우더와 초콜릿으로 장식한다.

Eclair 에클레어

049

재 료

강력분 280g, 중력분 120g, 달걀 13개, 물 640g, 버터 280g, 소금 4g, 초콜릿(또는 화이트 혼당) 약간

커스터드 크림 ● 우유 300g, 달걀노른자 2개, 설탕 75g, 옥수수전분 30g, 버터 18g, 럼 10g

만 드 는 법

1. 냄비에 물과 소금 버터를 넣고 끓인다.

2. 채 친 밀가루를 덩어리가 생기지 않도록 ①에 넣고 충분히 볶는다.

3. 볶아진 반죽을 불에서 내려 믹싱 볼에 넣고 달걀을 천천히 넣으며 섞는다.

4. 윤기가 나고 매끈한 상태가 되도록 충분히 섞어 슈 반죽을 완성한다.

5. 팬에 쇼트닝을 바르고 짤주머니에 둥근모양 깍지를 넣고 8~10cm 길이로 일정하게 짠다.

6. 반죽 위에 스프레이로 물을 충분히 뿌려 준 후 200℃의 오븐에서 굽는다.

7. 구워진 슈 안에 커스터드 크림을 넣고 완성한다.

8. 완성된 에클레어 위에 초콜릿이나 화이트 혼당으로 마무리한다.

Paris Brest 파리 브레스트

050

재 료

강력분 280g, 중력분 120g, 달걀 13개, 물 640g, 버터 280g, 소금 4g, 아몬드슬라이스 약간, 여러 과일

커스터드 크림 ● 우유 300g, 달걀노른자 2개, 설탕 75g, 옥수수전분 30g, 버터 18g, 럼 10g

만 드 는 법

1. 냄비에 물과 소금 버터를 넣고 끓인다.

2. 채 친 밀가루를 덩어리가 생기지 않도록 ①에 넣고 충분히 볶는다.

3. 볶아진 반죽을 불에서 내려 믹싱 볼에 넣고 달걀을 천천히 넣으며 섞는다.

4. 윤기가 나고 매끈한 상태가 되도록 충분히 섞어 슈 반죽을 완성한다.

5. 팬에 쇼트닝을 바르고 짤 주머니에 둥근모양 깍지를 넣은 후 도넛모양으로 짠다.

6. 반죽 위에 아몬드슬라이스를 뿌려 주고 스프레이로 물을 충분히 뿌려 준 후 200℃의 오븐에서 굽는다.

7. 구워진 파리 브레스트 안에 커스터드 크림을 넣은 후 가운데에 과일을 넣고 완성한다.

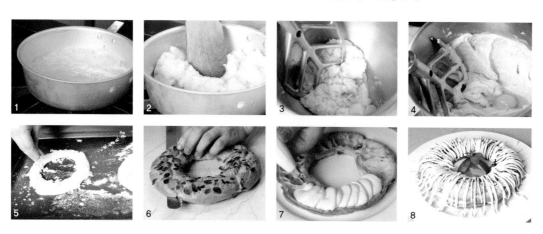

051

Snow Egg 스노 에그

재 료

달걀흰자 3개, 설탕 75g, 블랙베리 약간, 산딸기 약간, 다크체리 약간, 딸기 약간, 설탕 약간, 과일 소스 약간

만 드 는 법

1. 블랙베리, 산딸기, 다크체리, 딸기로 과일 소스를 만들어 놓는다.

2. 달걀흰자에 설탕으로 머랭을 만들어 끓는 시럽에 넣어 튀긴다.

3. 설탕을 갈색이 나게 데운 후 실타래 모양을 만들어 놓는다.

4. 접시에 과일 소스를 깔고, 튀긴 머랭을 놓은 후 그 위에 실타래 모양의 설탕을 올려 마무리한다.

Raisin Scon 건포도 스콘

재 료

중력분 1,000g, 베이킹파우더 50g, 버터 150g, 달걀 3개, 우유 450g, 건포도 370g, 소금 15g, 설탕 150g

만 드 는 법

1. 버터를 중탕으로 녹여 놓는다.

2. 달걀을 노른자와 흰자가 섞이도록 거품기로 저어 준다.

3. ②에 설탕과 소금을 넣고 완전히 용해되도록 저어 준다.

4. ③에 녹인 버터를 넣고 고르게 섞일 수 있도록 충분히 저어 준다.

5. ④에 우유와 체 친 중력분, 베이킹파우더, 건포도를 넣고 주걱으로 가볍게 섞어 준다.

6. 완성된 반죽을 10분 정도 휴지시킨 다음 2~3회 접고 1.5cm의 두께로 밀어 지름 6~7cm의 원형 틀로 찍어 철판에 놓는다.

7. 윗면에 달걀물을 바르고 위 온도 220℃, 아래 온도 180℃의 오븐에서 10~12분간 굽는다.

Nut Scon 넛 스콘

053

재 료

중력분 1,000g, 베이킹파우더 55g, 버터 150g, 달걀 3개, 우유 450g, 호두 100g, 피스타치오 100g, 잣 100g, 아몬드슬라이스 약간, 소금 15g, 설탕 150g

만 드 는 법

1. 버터를 중탕으로 녹여 놓는다.
2. 달걀을 노른자와 흰자가 섞이도록 거품기로 저어 준다.
3. ②에 설탕과 소금을 넣고 완전히 용해되도록 저어 준다.
4. ③에 녹인 버터를 넣고 고르게 섞일 수 있도록 충분히 저어 준다.
5. ④에 우유와 체 친 중력분, 베이킹파우더, 호두, 피스타치오, 잣, 아몬드슬라이스를 넣고 주걱으로 가볍게 섞어 준다.
6. 완성된 반죽을 10분 정도 휴지시킨 다음 2~3회 접고 1.5cm의 두께로 밀어 틀로 찍어 철판에 놓는다.
7. 윗면에 달걀물을 바르고 위 온도 220℃, 아래 온도 180℃의 오븐에서 10~12분간 굽는다.

Carrot Scon 당근 스콘

054

재 료

중력분 1,000g, 베이킹파우더 55g, 버터 150g, 달걀 3개, 우유 400g, 당근 370g, 소금 15g, 설탕 150g

만 드 는 법

1. 버터를 중탕으로 녹여 놓는다.

2. 달걀을 노른자와 흰자가 섞이도록 거품기로 저어 준다.

3. ②에 설탕과 소금을 넣고 완전히 용해 되도록 저어 준다.

4. ③에 녹인 버터를 넣고 고르게 섞일 수 있도록 충분히 저어 준다.

5. ④에 우유와 체 친 중력분, 베이킹파우더, 당근(갈아 놓은 것)를 넣고 주걱으로 가볍게 섞어 준다.

6. 완성된 반죽을 10분 정도 휴지시킨 다음 2~3회 접고 1.5cm의 두께로 밀어 사각으로 자른 후 철판에 놓는다.

7. 윗면에 달걀물을 바르고 위 온도 220℃, 아래 온도 180℃의 오븐에서 10~12분간 굽는다.

Cranberry Scon 크랜베리 스콘

055

재 료

중력분 1,000g, 베이킹파우더 55g, 버터 150g, 달걀 3개, 우유 450g, 크랜베리 400g, 소금 15g, 설탕 150g, 럼 30g

만 드 는 법

1. 크랜베리를 럼에 전처리한다.

2. 버터를 중탕으로 녹여 놓는다.

3. 달걀을 노른자와 흰자가 섞이도록 거품기로 저어 준다.

4. ③에 설탕과 소금을 넣고 완전히 용해되도록 저어 준다.

5. ④에 녹인 버터를 넣고 고르게 섞일 수 있도록 충분히 저어 준다.

6. ⑤에 우유와 체 친 중력분, 베이킹파우더, 전처리한 크랜베리를 넣고 주걱으로 가볍게 섞어 준다.

7. 완성된 반죽을 10분 정도 휴지시킨 다음 2~3회 접고 1.5cm의 두께로 밀어 틀로 찍어 철판에 놓는다.

8. 윗면에 달걀물을 바르고 위 온도 220℃, 아래 온도 180℃의 오븐에서 10~12분간 굽는다.

Baked Alaska

056

베이크드 알래스카

재 료

초콜릿아이스크림 100g, 바닐라아이스크림 100g, 딸기아이스크림 100g, 설탕 200g, 달걀흰자 100g, 스펀지 200g

만 드 는 법

1. 설탕과 물을 114℃까지 끓이고 휘핑한 흰자에 천천히 넣어 이탈리안 머랭을 만든다.

2. 스펀지케이크를 여러 겹으로 쌓은 후 몰드에 초콜릿아이스크림을 넣고 굳힌다.

3. ②가 완전히 얼면 바닐라아이스크림을 넣고 완전히 굳힌다.

4. ③이 완전히 얼면 딸기아이스크림을 넣고 완전히 굳힌다.

5. ④를 몰드에서 꺼내어 이탈리안 머랭을 바르고 토치로 갈색을 낸다.

Apple Streusel

애플 스트루셀

재 료

물 1,000L, 설탕 400g, 사과 10개, 전분 150g, 시나몬파우더 10g, 건포도 150g, 버터 150g, 레몬주스 20g,
케이크 가루 적당량, 살구잼 약간, 구운 호두 약간, 화이트 혼당 약간

만 드 는 법

1. 사과를 껍질을 벗겨 씨를 제거하고 알맞은 크기로 자른다.
2. 사과와 버터, 설탕을 넣고 사과를 익힌 후 식힌다.
3. 물에 설탕을 넣고 데운 후 전분을 넣어 되직해질 때까지 끓인다.
4. ③에 익힌 사과와 시나몬파우더, 레몬주스, 건포도, 케이크 가루를 넣고 섞어 준다.
5. 미리 준비한 도우에 스펀지를 깔고 필링을 놓고 다시 도우로 싸준다.
6. 200℃ 오븐에서 30분 정도 구운 후 살구잼을 바른다.
7. 구운 호두를 뿌린 후 화이트 혼당으로 장식한다.

Cherry Comfort 체리 콤포트

058

재 료

체리 200g, 설탕 80g, 체리술 20g, 계피껍질 10g, 시럽 50g

만 드 는 법

1. 체리의 씨를 제거한다.
2. 냄비에 설탕을 넣고 갈색이 나도록 한다.
3. 체리를 넣고 살짝 익힌다.
4. 체리술을 넣고 마무리한다.
5. 밀푀유를 장식으로 사용한다.

Cherry Jubile 체리 주빌레

재 료

다크체리(1c/n) 660g, 버터 50g, 오렌지 1개, 설탕 80g, 옥수수전분 15g, 체리술 10g, 계피껍질 10g,
아몬드슬라이스(껍질 없는 것) 20g

만 드 는 법

1. 냄비에 설탕을 갈색이 나도록 한다.
2. 시럽을 조금씩 ①에 넣는다(체리와 시럽을 미리 분리해 놓음).
3. 오렌지를 반으로 잘라 주스와 계피껍질을 넣고 같이 끓여 준다.
4. 체로 거른 후 전분으로 농도를 조절한다.
5. 시럽에 체리와 버터를 넣은 후 체리술을 넣고 마무리한다.

Chocolate Chip Cookie

060

초콜릿 칩 쿠키

재 료

중력분 500g, 설탕 300g, 소금 4g, 달걀 2개, 버터 200g, 마가린 150g, 향 2g, 초콜릿 칩 210g, 호도 210g, 베이킹파우더 6g

만 드 는 법

1. 마가린과 버터를 부드럽게 한 후 소금과 설탕을 넣고 믹싱한다.

2. 달걀을 2~3회 정도 나누어 넣으면서 믹싱한다.

3. ②에 밀가루와 베이킹파우더를 넣어 섞은 후 초콜릿 칩과 호두를 넣고 섞는다.

4. 15~30분 정도 휴지를 시킨 후 제품을 완성한다.

5. 위 온도 200℃, 아래 온도 180℃의 오븐에서 12~15분 정도 굽는다.

망고 젤리　샴페인 젤리

Mango Jelly 망고 젤리

재 료

망고주스 350g, 젤라틴 16g, 시럽 650g, 망고 100g

만 드 는 법

1. 망고주스, 시럽을 데운 후 물에 불린 젤라틴을 넣는다.
2. 글라스에 망고를 다이스로 잘라 넣고 ①을 채워 냉장고에서 굳힌다.

Champagne Jelly

샴페인 젤리

재 료

샴페인 350g, 물 500g, 설탕 250g, 여러 과일, 젤라틴 16g

만 드 는 법

1. 물과 설탕을 중간 불에 올려서 끓여 준다.
2. 찬물에 불린 젤라틴을 시럽에 넣어 준다.
3. 식으면 샴페인을 넣고 거품이 일지 않도록 서서히 저어 준다.
4. 준비된 샴페인 컵이나 볼에 70% 분량만큼 부어 주는데, 이때 과일을 넣어 모양을 낸다.

와인 젤리   오렌지 젤리

Wine Jelly 와인 젤리

063

재 료

와인 100g 물 500g, 설탕 250g, 여러 과일, 젤라틴 16g

만 드 는 법

1. 물과 설탕을 중간 불에 올려서 끓여 준다.
2. 찬물에 불린 젤라틴을 시럽에 넣어 준다.
3. 식으면 와인을 넣고 거품이 일지 않도록 서서히 저어 준다.
4. 준비된 와인 컵이나 볼에 70% 분량만큼 부어 주는데, 이때 과일을 넣어 모양을 낸다.

Orange Jelly 오렌지 젤리

재 료

오렌지주스 650g, 시럽 350g, 레몬 1조각, 설탕 100g, 젤라틴 8조각, 오렌지 약간

만 드 는 법

1. 오렌지주스와 시럽을 데운다.
2. 레몬에 칼집을 내어 함께 데운다.
3. 불려놓은 젤라틴을 넣고 녹인다.
4. 필링을 체에 걸러 오렌지 알맹이를 넣은 후 굳힌다.

Gaspacho 가스파초

재 료

딸기 200g, 설탕 80g, 바질 약간, 딸기시럽 20g , 럼 10g

만 드 는 법

1. 딸기, 설탕, 딸기시럽을 믹서에 갈아 놓는다.
2. 바질과 럼을 넣고 바질향이 우러나면 그릇에 담는다.

Yogurt Souffle

요구르트 수플레

재 료

설탕 150g, 물 50g, 달걀흰자 100g, 물엿 10g, 생크림 115g, 플레인 요구르트 200g, 레몬주스 4g, 필름

만 드 는 법

1. 설탕, 물엿, 물을 114℃까지 끓여 머랭을 만든다.

2. 요구르트에 머랭을 섞고 80% 휘핑한 생크림과 레몬주스를 섞는다.

3. 몰드에 필름을 두르고 필링을 채워 냉동고에서 굳힌다.

4. 필링이 냉동고에서 굳으면 접시에 마무리한다.

Galliano Cold Couffle

갈리아노 수플레

재 료

설탕 270g, 물 130g, 달걀흰자 180g, 휘핑크림 1kg, 갈리아노 리큐르 50cc

만 드 는 법

1. 설탕과 물을 114℃까지 끓인다.

2. 흰자를 휘핑하면서 ①을 천천히 넣어 이탈리안 머랭을 만든다.

3. ②에 휘핑크림을 섞는다.

4. ③에 갈리아노 리큐르를 섞어 마무리한다.

Mint Cold Souffle

068

민트 수플레

재 료

설탕 270g, 물 130g, 달걀흰자 180g, 휘핑크림 1kg, 민트술 50cc

만 드 는 법

1. 설탕과 물을 끓인다.

2. ①에 달걀흰자를 섞으며 기포를 올린다.

3. ②에 휘핑크림을 섞는다.

4. ③에 민트술을 섞어 완성한 다음 마무리한다.

Orange Cold Souffle
오렌지 수플레

재 료

설탕 270g, 물 130g, 달걀흰자 180g, 휘핑크림 1kg, 오렌지주스 100g, 오렌지 리큐르 약간, 그랜마니아 약간

만 드 는 법

1. 설탕과 물을 끓인다.

2. ①에 달걀흰자에 섞으며 기포를 올린다(이탈리안 머랭).

3. ②에 휘핑크림을 섞는다.

4. ③에 오렌지주스와 그랜마니아, 오렌지 리큐르를 넣어 마무리한다.

Raspberry Clafoutie

070

산딸기 크라프티

재 료

아몬드파우더 180g, 중력분 130g, 달걀 7개, 설탕 130g, 녹인 버터 230g, 설탕 80g, 냉동 산딸기 100g

만 드 는 법

1. 냄비에 버터를 녹인다.

2. 달걀노른자와 설탕을 휘핑한다.

3. 달걀흰자와 설탕으로 머랭을 만든다

4. 밀가루와 아몬드파우더를 체로 친다.

5. ②에 머랭 1/3을 넣은 후 체 친 가루 재료를 섞고 나머지 머랭을 섞는다.

6. ⑤에 녹인 버터를 섞어 준 후 볼에 담고 산딸기를 조금 넣는다.

7. 180℃의 오븐에서 15~20분 정도 굽는다.

8. 구운 후 슈거파우더를 뿌려 마무리한다.

Blueberry Clafoutie

블루베리 크라프티

재 료

아몬드파우더 180g, 중력분 130g, 달걀 7개, 설탕 130g, 녹인 버터 230g, 설탕 80g, 블루베리 파이 필링 100g

만 드 는 법

1. 냄비에 버터를 녹인다.

2. 달걀노른자와 설탕을 휘핑한다.

3. 달걀흰자와 설탕으로 머랭을 만든다.

4. 밀가루와 아몬드파우더를 체로 친다.

5. ②에 머랭을 1/3을 넣은 후 체 친 가루재료를 섞고 나머지 머랭을 섞는다.

6. ⑤에 녹인 버터를 섞어 준 후 볼에 담고 블루베리 필링을 조금 넣는다.

7. 180℃ 오븐에 15~20분 굽는다.

Raspberry Crab

072

산딸기 크랩

재 료

우유 1,000g, 설탕 60g, 달걀 14개, 소금 2g, 버터 80g, 중력분 180g, 옥수수전분 30g, 그랜마니아 10g, 산딸기 100g

만 드 는 법

1. 우유, 설탕, 소금, 버터를 섞어 따뜻하게 데운다.

2. 밀가루와 옥수수전분을 체 쳐서 볼에 담은 후 ①에 조금씩 섞어 준다.

3. 달걀을 투입하고 그랜마니아를 넣고 반죽을 마무리한다.

4. 고운 체로 걸러서 사용한다.

5. 프라이팬에 필링을 넣고 얇게 굽는다.

6. 산딸기를 크랩 안에 넣고 크림과 함께 감싸 준다.

Mango Crab 망고 크랩

재 료

우유 1,000g, 설탕 60g, 달걀 14개, 소금 2g, 버터 80g, 중력분 180g, 옥수수전분 30g, 그랜마니아 10g, 망고 100g

만 드 는 법

1. 우유, 설탕, 소금, 버터를 섞어 따뜻하게 데운다.

2. 밀가루와 옥수수전분을 체 쳐서 볼에 담은 후 ①에 조금씩 섞어 준다.

3. 달걀을 투입하고 그랜마니아를 넣고 반죽을 마무리한다.

4. 고운체로 걸러서 사용한다.

5. 프라이팬에 필링을 넣고 얇게 굽는다.

6. 망고를 크랩 안에 넣고 크림과 함께 감싸 준다.

Banana Crab 바나나 크랩

074

재 료

우유 1,000g, 설탕 60g, 달걀 14개, 소금 2g, 버터 80g, 중력분 180g, 옥수수전분 30g, 그랜마니아 10g, 바나나 100g

만 드 는 법

1. 우유, 설탕, 소금, 버터를 섞어 따뜻하게 데운다.

2. 밀가루와 옥수수전분을 체 쳐서 볼에 담은 후 ①에 조금씩 섞어 준다.

3. 달걀을 투입하고 그랜마니아를 넣고 반죽을 마무리한다.

4. 고운체로 걸러서 사용한다.

5. 프라이팬에 필링을 넣고 얇게 굽는다.

6. 볶은 바나나를 크랩 안에 넣고 크림과 함께 감싸 준다.

Bluberry Crab 블루베리 크랩

재 료

우유 1,000g, 설탕 60g, 달걀 14개, 소금 2g, 버터 80g, 중력분 180g, 옥수수전분 30g, 그랜마니아 10g, 블루베리 100g

만 드 는 법

1. 우유, 설탕, 소금, 버터를 섞어 따뜻하게 데운다.

2. 밀가루와 옥수수전분을 체에 쳐서 볼에 담은 후 ①에 조금씩 섞어 준다.

3. 달걀을 투입하고 그랜마니아를 넣고 반죽을 마무리한다.

4. 고운체로 걸러서 사용한다.

5. 프라이팬에 필링을 넣고 얇게 굽는다.

6. 블루베리를 크랩 안에 넣고 크림과 함께 감싸 준다.

Orange Crab 오렌지 크랩

076

재 료

우유 1,000g, 설탕 60g, 달걀 14개, 소금 2g, 버터 80g, 중력분 180g, 옥수수전분 30g, 그랜마니아 10g, 오렌지 100g

만 드 는 법

1. 우유, 설탕, 소금, 버터를 섞어 따뜻하게 데운다.
2. 밀가루와 옥수수전분을 체에 쳐서 볼에 담은 후 ①에 조금씩 섞어 준다.
3. 달걀을 투입하고 그랜마니아를 넣고 반죽을 마무리한다.
4. 고운체로 걸러서 사용한다.
5. 프라이팬에 필링을 넣고 얇게 굽는다.
6. 오렌지필과 오렌지 소스로 장식한다.

Kiwi Crab 키위 크랩

재 료

우유 1,000g, 설탕 60g, 달걀 14개, 소금 2g, 버터 80g, 중력분 180g, 옥수수전분 30g, 그랜마니아 10g, 키위 100g

만 드 는 법

1. 우유, 설탕, 소금, 버터를 섞어 따뜻하게 데운다.

2. 밀가루와 옥수수전분을 체에 쳐서 볼에 담은 후 ①에 조금씩 섞어 준다.

3. 달걀을 투입하고 그랜마니아를 넣고 반죽을 마무리한다.

4. 고운체로 걸러서 사용한다.

5. 프라이팬에 필링을 넣고 얇게 굽는다.

6. 키위를 다이스로 잘라 크랩 안에 넣고 크림과 함께 감싸 준다.

Cream Caramel

078

크림 캐러멜

재 료

설탕 125g, 달걀 5개, 우유 500mL, 바닐라향 10g, 럼 30g

캐러멜 소스 ● 설탕 200g, 물(A) 60g, 물(B) 50g

만 드 는 법

1. 설탕과 물(A)를 넣고 갈색이 날 때까지 가열해 캐러멜 소스를 만든다.

2. ①에 물(B)을 넣는다.

3. 몰드에 캐러멜 소스를 2~3mm 정도 넣은 후 굳힌다.

4. 전란 노른자와 흰자를 섞는다.

5. 설탕, 우유, 럼, 바닐라향을 넣고 섞은 후 30분 정도 휴지시킨다.

6. 몰드의 캐러멜 소스가 굳으면 필링을 넣고 160℃ 오븐에서 중탕으로 50~60분간 굽는다.

7. 크림 캐러멜이 식으면 접시에 장식한다.

Eggplant Quiche

가지 키시

재 료

생크림 200g, 달걀 5개, 우유 180g, 베이컨 80g, 가지 2개, 버섯 100g, 럼 2g, 마늘 2g, 후추 약간, 소금 약간, 시금치 50g

파이반죽 ● 강력분 500g, 쇼트닝 350g, 설탕 15g, 달걀 1개, 소금 5g, 물 150g

만 드 는 법

1. 강력분을 체로 쳐서 놓은 뒤 쇼트닝을 섞으며 쇼트닝이 콩알만 한 크기가 되게 한다.

2. 물, 설탕, 소금, 달걀을 섞어 설탕, 소금을 녹이고 ①에 넣어 섞는다.

3. 반죽을 밀대로 5mm 정도의 두께로 밀고 파이팬에 깔아 모양을 만든다.

4. 믹싱볼에 달걀을 푼 뒤 생크림, 우유를 섞는다.

5. 가지를 썬은 후 프라이팬에 볶아 낸다.

6. 베이컨은 구워서 기름기를 제거한다.

7. 시금치는 살짝 데쳐서 볶아 기름기를 제거한다.

8. ③에 가지, 버섯, 시금치, 베이컨을 넣고 필링을 채워 180℃ 오븐에서 약 40분 정도 굽는다.

Tomato Quiche

080

토마토 키시

재 료

생크림 200g, 달걀 5개, 우유 180g, 베이컨 80g, 토마토 2개, 바질 2g, 럼 2g, 마늘 2g, 후추 약간, 소금 약간, 버섯 100g, 모차렐라치즈 60g

파이반죽 ● 강력분 500g, 쇼트닝 350g, 설탕 15g, 달걀 1개, 소금 5g, 물 150g

만 드 는 법

1. 강력분을 체로 쳐서 놓은 뒤 쇼트닝을 섞으며 쇼트닝이 콩알만 한 크기가 되게 한다.

2. 물, 설탕, 소금, 달걀을 섞어 설탕, 소금을 녹이고 ①에 넣어 섞는다.

3. 반죽을 밀대로 5mm 정도의 두께로 밀고 파이팬에 깔아 모양을 만든다.

4. 믹싱볼에 달걀을 푼 뒤 생크림, 우유를 섞는다.

5. 토마토는 자른 후 프라이팬에 구워낸다.

6. 베이컨은 살짝 구워 기름기를 제거한다.

7. ③에 토마토, 베이컨, 바질을 넣고 필링을 채운 후 치즈를 뿌리고 180℃의 오븐에서 약 40분 정도 굽는다.

Fruit Tart 과일 타르트

081

재 료

버터 240g, 슈거파우더 240g, 달걀 4g, 럼 10개, 아몬드파우더 240g, 중력분 100g, 케이크가루 50g, 바닐라크림 50g

깔개반죽 ● 강력분 270g, 버터 180g, 설탕 90g, 달걀 1개

만 드 는 법

1. 버터를 크림 상태로 만든 뒤 슈거파우더를 넣어 아몬드 크림을 만든다.

2. 달걀을 2~3회 나누어 넣으면서 섞는다.

3. 체로 친 중력분과 아몬드파우더를 넣은 뒤 럼을 섞어 아몬드 크림을 완성한다.

4. 깔개반죽을 밀대로 밀어서(두께 4~5mm) 타르트 틀에 준비한다.

5. 아몬드 크림을 짤주머니에 넣어 타르트 틀에 원형을 그리며 2/3 정도 채운다.

6. 180℃의 오븐에서 30~40분간 굽는다.

7. 구워진 타르트 위에 바닐라크림과 스펀지 가루를 뿌리고 계절과일로 장식한 후 미르와를 발라 준다.

082

Lemon Tart 레몬 타르트

재 료

달걀노른자 2개, 달걀 6개, 레몬주스 280g, 설탕 280g, 버터 140g, 레몬 약간

슈거도우 ● 버터 180g, 슈거파우더 150g, 물엿 50g, 달걀 1개, 중력분 370g

만 드 는 법

1. 믹싱볼에 버터, 슈거파우더, 물엿, 달걀, 중력분을 넣어 슈거도우를 완성한다.

2. 타르트 틀에 도우(4~5mm)를 깔아 200℃ 오븐에서 12분 정도 굽는다.

3. 볼에 달걀노른자, 전란을 넣고 풀어 준 후 설탕을 섞는다.

4. 레몬주스와 버터를 80℃까지 데우고 ③에 천천히 넣은 후 필링을 체에 거른다.

5. ④의 필링이 끓을 때까지 가열한 다음 구워 놓은 타르트틀에 넣는다.

6. 레몬 타르트가 굳으면 레몬을 올리고 마무리한다.

Pear Tart 배 타르트

083

재 료

아몬드파우더 110g, 버터 110g, 달걀(2개) 100g, 슈거파우더 90g, 중력분 25g, 럼 12g, 서양 배 825g, 사과 2개,
바닐라아이스크림 200g

밀크 소스 ● 우유 280g, 생크림 100g, 설탕 55g, 옥수수전분1 6g, 바닐라빈 1/4개

만 드 는 법

1. 버터를 크림상태로 만든 뒤 슈거파우더를 넣고 섞어 아몬드 크림을 만든다.

2. 달걀을 2~3회 나누어 넣으면서 섞는다.

3. 체로 친 중력분과 아몬드파우더를 넣은 뒤 럼을 섞어 아몬드 크림을 완성한다.

4. 퍼프도우를 2~3mm 두께로 민 후 지름 12cm의 원형 틀로 찍는다.

5. 퍼프도우에 아몬드 크림을 2/3 정도 바른 후 서양 배를 장식한다.

6. 200℃의 오븐에서 12분 정도 구운 후 미르와를 바른다.

7. 배 타르트 위를 바닐라아이스크림과 밀크 소스로 장식한다.

Dark Cherry Tart

084

다크체리 타르트

재 료

버터 240g, 슈거 파우더 240g, 달걀 4개, 럼 12g, 아몬드파우더 250g, 중력분 110g, 다크체리 660g

깔개반죽 ● 강력분 270g, 버터 180g, 설탕 90g, 달걀 1개

만 드 는 법

1. 버터를 크림상태로 만든 뒤 슈거파우더를 넣고 섞어 아몬드 크림을 만든다.
2. 달걀을 2~3회 나누어 넣으면서 섞는다.
3. 체에 친 중력분과 아몬드파우더를 넣은 뒤 럼을 섞어 아몬드 크림을 완성한다.
4. 깔개반죽을 밀대로 밀어서(두께 4~5mm) 타르트 틀에 준비한다.
5. 아몬드 크림을 짤주머니에 넣어 타르트 틀에 원형을 그리며 2/3 정도 채운다.
6. ⑤에 다크체리를 올린 후 180℃의 오븐에서 30~40분간 굽는다.
7. 구워진 타르트에 애프리코트 혼당을 바른다.

Strawberry Tart 딸기 타르트

085

재 료

버터 240g, 슈거파우더 240g, 달걀 4개, 럼 10g, 아몬드파우더 240g, 중력분 100g, 딸기 적당량, 스펀지 가루 50g, 바닐라 크림 50g

깔개반죽 ● 강력분 270g, 버터 180g, 설탕 90g, 달걀 1개

만 드 는 법

1. 버터를 크림상태로 만든 뒤 슈거파우더를 넣고 섞어 아몬드 크림을 만든다.

2. 달걀을 2~3회 나누어 넣으면서 섞는다.

3. 체로 친 중력분과 아몬드파우더를 넣은 뒤 럼을 섞어 아몬드 크림을 완성한다.

4. 깔개반죽을 밀대로 밀어서(두께 4~5mm) 타르트 틀에 준비한다.

5. 아몬드 크림을 짤주머니에 넣어 타르트 틀에 원형을 그리며 2/3 정도 채운다.

6. 180℃의 오븐에서 30~40분 정도 굽는다.

7. 구워진 타르트 위에 바닐라 크림과 스펀지 가루를 뿌리고 딸기로 장식한 후 미르와를 발라 준다.

Apple Tart 사과 타르트

086

재 료

아몬드파우더 110g, 버터 110g, 달걀(2개) 100g, 슈거파우더 90g, 중력분 25g, 럼 12g, 사과 2개, 바닐라아이스크림 200g

만 드 는 법

1. 버터를 크림상태로 만든 뒤 슈거파우더를 넣고 섞어 아몬드 크림을 만든다.

2. 달걀을 2~3회 나누어 넣으면서 섞는다.

3. 체에 친 중력분과 아몬드파우더를 넣은 뒤 럼을 섞어 아몬드 크림을 완성한다.

4. 퍼프도우를 2~3mm 두께로 민 후 밀어 편다.

5. 퍼프도우에 아몬드 크림을 2/3 정도 바른 후 사과를 장식하고 버터와 설탕을 뿌린다.

6. 200℃ 오븐에서 15분 정도 굽는다.

7. 사과타르트를 사각형으로 자른 후 슈거파우더를 뿌리고 바닐라아이스크림을 놓는다.

Chocolate Tart 초콜릿 타르트

재 료

가나슈 ● 우유62g, 생크림62g, 다크초콜릿(초콜릿스펀지 약간) 250g

깔개반죽 ● 중력분420g, 버터240g, 설탕120g, 달걀120g, 코코아파우더 80g

초콜릿글라사주 ● 물엿 40g, 설탕 100g, 물 150g, 나파주 50g, 생크림 120g, 코코아파우더 65g, 젤라틴 20g

만 드 는 법

1. 버터, 설탕을 부드럽게 섞은 후 달걀, 중력분, 코코아파우더를 넣어 반죽을 완성한다.

2. ①을 타르트팬에 4~5mm로 깔고 200℃의 오븐에서 12분 정도 굽는다.

3. 우유와 생크림을 끓인 후 다크초콜릿에 넣고 섞어 가나슈 크림을 만든다.

4. 구워 놓은 도우에 가나슈를 바르고 초콜릿스펀지를 넣는다.

5. 스펀지 위에 다시 가나슈를 채운 후 굳으면 초콜릿 글라사주로 코팅을 하고 금가루로 마무리한다.

초콜릿
글라사주

1. 젤라틴을 찬물에 불리고 볼에 설탕, 물엿, 코코아파우더를 섞는다.

2. 볼에 물과 나파주를 넣는다.

3. 생크림을 냄비에 조금씩 넣어 섞는다.

4. 볼을 불 위에서 150℃로 끓인 뒤 젤라틴을 넣고 체에 걸러 사용한다.

Apricot Tart 살구 타르트

088

재 료

버터 240g, 슈거파우더 240g, 달걀 4개, 럼 2g, 아몬드파우더 250g, 중력분 110g, 살구 660g

깔개반죽 ● 강력분 270g, 버터 180g, 설탕 90g, 달걀 1개

만 드 는 법

1. 버터를 크림상태로 만든 뒤 슈거파우더를 넣고 섞어 아몬드 크림을 만든다.

2. 달걀을 2~3회 나누어 넣으면서 섞는다.

3. 체에 친 중력분과 아몬드파우더를 넣은 뒤 럼을 섞어 아몬드 크림을 완성한다.

4. 깔개반죽을 밀대로 밀어서(두께 4~5mm) 타르트 틀에 준비한다.

5. 아몬드 크림을 짤주머니에 넣어 1/3 정도 타르트 틀에 원형을 그리며 채운다.

6. ⑤에 살구를 올린 후 180℃의 오븐에서 30~40분 정도 굽는다.

7. 구워진 타르트에 애프리코트 혼당을 바른다.

Cheese Tart 치즈 타르트

089

재 료

설탕 200g, 크림치즈 300g, 달걀 2개, 밀가루 30g, 레몬주스 10g, 샤워크림 60g, 블루베리 파이 필링 30g

깔개반죽 ● 중력분 420g, 버터 240g, 설탕 120g, 달걀 120g, 코코아파우더 80g

만 드 는 법

1. 버터, 설탕을 부드럽게 섞은 후 달걀, 중력분, 코코아파우더를 섞어 반죽을 완성한다.

2. ①을 타르트팬에 4~5mm로 밀어 놓는다.

3. 크림치즈, 설탕을 부드럽게 풀면서 달걀을 천천히 넣어 필링한다.

4. 밀가루, 레몬주스, 샤워 크림을 넣고 섞어 ②에 채운 후 블루베리를 넣고 오븐에서 굽는다.

Tiramisu 티라미수

재 료

달걀노른자 12g, 설탕 300g, 마스카포네치즈 800g, 생크림 1,000g, 아마레토(Amaretto Liqueur)술 170g, 젤라틴 24g,

바닐라빈 1g, 커피파우더 30g, 얼음

핑거쿠키 ● 달걀노른자 15개, 설탕(A) 150g, 달걀흰자 15개, 설탕(B) 300g, 중력분 450g

만 드 는 법

1. 달걀노른자에 설탕, 바닐라를 넣고 휘핑한다.

2. 아마레토술을 끓여 알코올을 날리고 얼음물에 불려둔 젤라틴을 넣고 녹인 다음 ①에 조금씩 흘려 넣고 볼 밑
   부분이 식을 때까지 휘핑한다.

3. 풀어둔 마스카포네 크림에 ②를 넣고 매끄러울 때까지 잘 섞는다.

4. ③에 생크림을 휘핑하여 섞는다.

5. 스펀지에 커피 시럽을 바르고 마스카포네 크림을 1/2 정도 채워 넣는다.

6. ⑤ 위에 핑거쿠키를 놓고 커피 시럽을 바른 후 다시 크림을 채운다.

7. 크림이 굳으면 표면을 생크림으로 장식한 후 코코아파우더를 뿌린다.

1. 달걀노른자와 설탕(A)을 휘핑한다.

2. 달걀흰자와 설탕(B)으로 머랭을 만든다.

3. ①에 머랭 1/3과 밀가루를 섞은 후 나머지 머랭을 다시 섞는다.

4. 유산지를 깔고 반죽을 짠 후 설탕을 뿌려 200℃의 오븐에서 굽는다.

Cup Tiramisu 컵 티라미수

091

재 료

달걀노른자 12g, 설탕 300g, 마스카포네치즈 800g, 생크림 1,000g, 아마레토술 170g, 바닐라빈 1g, 코코아파우더 30g

만 드 는 법

1. 노른자에 설탕, 바닐라빈을 넣고 휘핑한다.
2. 아마레토술을 끓여 알코올을 날리고 ①에 조금씩 흘려 넣어 볼 밑부분이 식을 때까지 휘핑한다.
3. 풀어둔 마스카포네 크림에 ②를 넣고 매끄러울 때까지 잘 섞는다.
4. ③에 생크림을 휘핑하여 섞는다.
5. 접시에 크림을 올린 후 스펀지를 넣는다.
6. 커피 시럽을 묻히고 크림을 채운다.
7. 크림 위에 코코아파우더를 뿌리고 과일과 초콜릿으로 장식한다.

Grape Panna Cotta

깐 포도 파나코타

재 료

깐 포도 1캔, 레드와인 60g, 설탕 50g, 젤라틴 10g

만 드 는 법

1. 깐 포도를 체에 거른 후 시럽, 설탕, 레드와인을 80℃까지 가열한다.

2. 불려둔 젤라틴을 넣고 식힌다.

3. 필링을 그릇에 담아 굳힌다.

Moca Panna Cotta

093

모카 파나코타

재 료

생크림(A) 140g, 커피파우더 5g, 설탕 30g, 젤라틴 6g, 생크림(B) 140g

만 드 는 법

1. 생크림(A)에 커피파우더를 넣고 끓인다.

2. 불려둔 젤라틴을 넣고 냉장고에서 식힌다.

3. 생크림(B)에 설탕을 넣고 휘핑한다.

4. ③을 ②에 넣고 섞은 후 볼에 담아 굳힌다.

Orange Panna Cotta ▬▬▬

오렌지 파나코타

재 료

생크림 950g, 오렌지주스 750g, 설탕 200g, 오렌지껍질 1개, 젤라틴 40g, 코인투루(오렌지술) 100g

만 드 는 법

1. 오렌지껍질, 생크림과 설탕을 넣어 80℃ 정도로 가열한다.

2. ①에 오렌지주스를 넣고 섞는다.

3. 녹인 젤라틴을 넣고 섞는다.

4. 열기가 가시면 코인투루를 넣는다.

5. 그릇에 필링을 붓고 냉장고에 넣어 굳힌다.

Creamcheese Panna Cotta 크림치즈 파나코타

095

재 료

생크림 950g, 우유 750g, 설탕 200g, 크림치즈 100g, 요구르트 100g, 젤라틴 40g, 오렌지술 100g

만 드 는 법

1. 크림치즈에 요구르트를 넣고 섞는다.
2. 끓인 우유에 생크림과 설탕을 넣어 다시 끓인다.
3. ②를 ①에 붓고 잘 섞은 후 녹인 젤라틴을 넣고 섞는다.
4. 열기가 가시면 오렌지술을 넣는다.
5. 그릇에 필링을 붓고 냉장고에 넣어 굳힌다.

Lemon Meringue Pie

레몬 머랭 파이

재 료

달걀노른자 2개, 달걀 6개, 레몬주스 280g, 설탕 280g, 버터 140g

머랭 ● 달걀흰자 100g, 설탕 200g

슈거도우 ● 버터 180g, 슈거파우더 150g, 물엿 50g, 달걀달걀 1개, 중력분 370g

만 드 는 법

1. 믹싱볼에 버터, 슈거파우더, 물엿, 달걀, 중력분을 넣어 슈거도우를 완성한다.

2. 타르트 틀에 도우(4~5mm)를 깔아 200℃의 오븐에서 12분 정도 굽는다.

3. 볼에 달걀노른자와 전란을 넣고 풀어 준 후 설탕을 섞는다.

4. 레몬주스와 버터를 80℃까지 데운 후 ③에 천천히 넣는다.

5. ④의 필링이 끓을 때까지 가열한 다음 구워 놓은 타르트 틀에 넣는다.

6. 레몬 타르트가 굳으면 머랭으로 장식을 하고 토치램프로 갈색을 내어 마무리한다.

Cherry pie 체리 파이

097

재 료

체리 파이 필링 2캔, 옥수수전분 20g, 레몬주스 10g

파이반죽 ● 강력분 480g, 쇼트닝 340g, 설탕 15g, 달걀 1개, 소금 5g, 물 120g

만 드 는 법

1. 강력분을 체에 쳐서 놓은 뒤 쇼트닝을 섞으며 쇼트닝이 콩알만 한 크기가 되게 한다.

2. 물, 설탕, 소금, 달걀을 섞어 설탕, 소금을 녹이고 ①에 넣어 섞는다.

3. 반죽을 밀대로 5mm 정도의 두께로 밀고 파이팬에 깔아 놓는다.

4. 체리 파이 필링을 체에 쳐서 체리를 거른다.

5. ④에 레몬주스와 옥수수전분을 섞는다.

6. ③에 체리 필링을 넣고 위에 다시 파이도우를 덮어 모양을 낸다.

7. 달걀물로 모양을 내고 위 온도 170℃, 아래 온도 180℃의 오븐에서 갈색이 날 때까지 40분 정도 굽는다.

8. 구워진 체리 파이 위에 살구잼을 발라 마무리한다.

Apple Pic 애플파이

098

재 료

물 800g, 설탕 400g, 사과 10개, 전분 120g, 시나몬파우더 10g, 건포도 150g, 버터 150g, 레몬주스 약간

파이반죽 ● 강력분 480g, 쇼트닝 340g, 설탕 15g, 달걀 1개, 소금 5g, 물 120g

만 드 는 법

1. 강력분을 체로 쳐서 놓은 뒤 쇼트닝을 섞으며 콩알만 한 크기가 되게 한다.

2. 물, 설탕, 소금, 달걀을 섞어 설탕, 소금을 녹이고 ①에 넣어 섞는다.

3. 반죽이 5mm 정도의 두께가 되도록 밀대로 밀고 파이팬에 깔아 놓는다.

4. 사과를 껍질을 벗겨 씨를 제거하고 알맞은 크기로 자른다.

5. 사과와 버터, 설탕을 넣고 사과를 익힌 후 식힌다.

6. 물에 설탕을 넣고 끓인 후 전분을 넣어 다시 끓인다.

7. ⑥에 익힌 사과와 시나몬파우더, 레몬주스, 건포도 넣고 섞어 준다.

8. ③에 애플 파이 필링을 채우고 다시 사과를 채 썰어 모양을 낸다.

9. 모양을 낸 후 위 온도 170℃, 아래 온도 180℃의 오븐에서 갈색이 날 때 까지 약 40~50분 정도 굽는다.

10. 슈거파우더를 뿌려 마무리한다.

099

Walnut Pie 호두파이

재 료

설탕 360g, 달걀 12개, 소금 10g, 물엿 400g, 바닐라향 20g, 버터 50g, 호두 350g

파이반죽 ● 강력분 500g, 쇼트닝 350g, 설탕 15g, 달걀 1개, 소금 5g, 물 150g

만 드 는 법

1. 강력분을 체에 친 후 쇼트닝을 섞으며 콩알만 한 크기가 되게 한다.

2. 물, 설탕, 소금, 달걀을 섞어 설탕, 소금을 녹이고 ①에 넣어 섞는다.

3. 반죽을 밀대로 5mm 정도의 두께로 밀고 파이팬에 깔아 모양을 만든다.

4. 달걀을 풀어 준 후 설탕, 소금, 물엿을 섞는다. 이때 설탕과 소금을 완전히 녹인다.

5. 버터를 녹여서 바닐라향과 함께 ④에 넣어 골고루 섞는다(냉장고에서 10분 휴지시킨다).

6. ③에 잘게 다진 호두를 넣는다.

7. 호두 위에 필링을 넣고 위 온도 150℃, 아래 온도 180℃의 오븐에서 약 40분 동안 갈색이 나도록 굽는다.

100

Palmier 팔미어

재 료

퍼프도우 ● 강력분 1,100g, 소금 15g, 마가린 150g, 달걀 4개, 물 510g, 마가린(충전용) 900g

만 드 는 법

1. 강력분, 소금, 마가린, 달걀, 물로 반죽을 한다.

2. ①의 반죽에 충전용 마가린을 넣고 3×4cm로 접어서 퍼프도우를 만든다.

3. 퍼프도우를 2~3mm로 밀어 편 후 물을 바르고 설탕을 뿌린다.

4. 반을 접어 1/4씩 접어 얼린 후 칼로 자른다.

5. 팬에 놓은 후 200℃ 오븐에서 12분 정도 굽다가 뒤집어서 마무리한다.

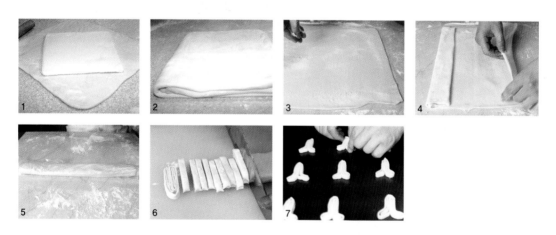

참고문헌

신길만 · 김동호(2001). **최신 디저트 서양과자**. 대왕사.

박철수(2005). **박철수가 만드는 명품 양과자**. (주)비앤씨월드.

김동호 외(2008). **고급 제과제빵**. 파워북.

한국외식문화연구회(2006). **만들기 쉬운 기초제과제빵**. 교문사.

에자키 오사무(2001). **프로를 위한 제빵테크닉**. 월간제과제빵.

한국제과기술경영연구회(2002). **초콜릿의 세계**. 비앤씨월드.

월간제과제빵(1992). **빵과자 백과사전**. 민문사.

김상협(1987). **양과자와 빵**. 하서출판사.

최효근 외(1998). **디저트의 이론과 실제**. 형설출판사.

Anne willan(1992). *Chocolate Desserts*. Dorling Kindersley.

Anne willan(1992). *Fruit Desserts*. Dorling Kindersley.

Anne willan(1993). *Delicious Desserts*. Dorling Kindersley.

Wendy Stephen(2003). *The Essential Dessert Cookbook*. Thunder Bay Press(CA).

Michel Roux(1994). *Desserts a Lifelong Passion*. Conran Octopus.

Gordon Ramsay(2002). *Gordon Ramsay's Just Desserts*. Quadrille Publishing.

Jeanne Bourin(2002). *The Book of Chocolate*. Flammarion.

찾아보기

저자소개

안호기
경기대학교 대학원 박사(외식조리관리 전공)
현재 백석문화대학 외식산업학부 교수

이은준
강릉대학교 대학원 박사(관광학 전공)
현재 청운대학교 호텔조리식당경영학과 교수

홍금주
경기대학교 대학원 박사 과정(외식조리관리 전공)
현재 백석문화대학 외식산업부 외래교수

김지응
경기대학교 대학원 박사(외식조리관리 전공)
현재 신성대학 호텔조리제빵계열 교수

김동호
경기대학교 대학원 박사(호텔경영학 전공)
현재 혜전대학 호텔제과제빵과 교수

김원모
한남대학교 대학원 박사(식품학 전공)
현재 우송정보대학 제과제빵과 교수

디저트

2010년 3월 15일 초판 발행
2013년 2월 14일   2쇄 발행

지은이 안호기 외
펴낸이 류제동
펴낸곳 (주)교문사

책임편집 성혜진
본문디자인 우은영
표지디자인 반미현
제작 김선형
영업 이진석 · 정용섭 · 송기윤

출력 현대미디어
인쇄 삼신문화사
제본 한진제본

우편번호 413-756
주소 경기도 파주시 교하읍 문발리 출판문화정보산업단지 536-2
전화 031-955-6111(代)
팩스 031-955-0955
등록 1960. 10. 28. 제 406-2006-000035호

홈페이지 www.kyomunsa.co.kr
이메일 webmaster@kyomunsa.co.kr

ISBN 978-89-363-1054-7 (93590)